3

ISBN-13: 978-1516855438

ISBN-10: 1516855434

# Instalaciones eléctricas singulares en viviendas y automatismos

## Miguel D'Addario

**Primera edición**

**CE**

**2015**

# Índice

Instalaciones de electrificación de viviendas y edificios: Instalaciones eléctricas de baja tensión: Definición y clasificación. Acometida, caja general de protección, línea repartidora. Contador de energía eléctrica, centralizaciones. Derivación individual. Instalaciones de interior de viviendas. Instalaciones de megafonía. Instalaciones de antenas. Instalaciones de telefonía interior e intercomunicación.

Automatismo y cuadros eléctricos: Cuadros eléctricos. Esquemas de potencia y mando. Mando y regulación de motores eléctricos: Maniobras. Inversión de giro en motores. Arranque de un motor en conexión estrella-triángulo. Autómata programable: Campos de aplicación.

Grupos electrógenos: Procesos de arranques y paradas de un grupo electrógeno. Protección del grupo: Alarmas. Medidas eléctricas. Mantenimiento de grupos electrógenos.

Instalaciones de alumbrado exterior: Guía técnica de aplicación instalaciones de alumbrado exterior (guía-bt-09). Esquemas de conexiones de lámparas utilizadas en alumbrado exterior.

Instalaciones de pararrayos: Conceptos generales. Normativa de aplicación. Tipos de pararrayos. La NTE-IPP Pararrayos. Diseño de la instalación de pararrayos. Disposiciones constructivas.

Instalaciones de electrificación de viviendas y edificios: Instalaciones eléctricas de baja tensión: Definición y clasificación. Acometida, caja general de protección, línea repartidora. Contador de energía eléctrica, centralizaciones. Derivación individual. Instalaciones de interior de viviendas. Instalaciones de megafonía. Instalaciones de antenas. Instalaciones de telefonía interior e intercomunicación.

# Instalaciones de electrificación de viviendas y edificios

Debido a sus ventajas, la corriente alterna es la más utilizada en instalaciones eléctricas en viviendas, y por ello nos centraremos en ella. Sus características son:

- Se transporta muy bien a larga distancia.

- Se transforma muy bien

- Se produce mejor y más barata que la continua.

- Los receptores son baratos y de poco mantenimiento.

- No sirve para electrólisis.

- No sirve para cargar acumuladores

## Corriente alterna

La generación de la F.E.M alterna, se produce por el simple hecho de mover una espira conductora dentro de un campo magnético.

Esta FEM cambia de sentido a intervalos de tiempo iguales y va tomando valores absolutos diferentes, según su posición dentro del campo magnético, produciendo siempre unos valores proporcionales a los senos de los ángulos girados por la espira.

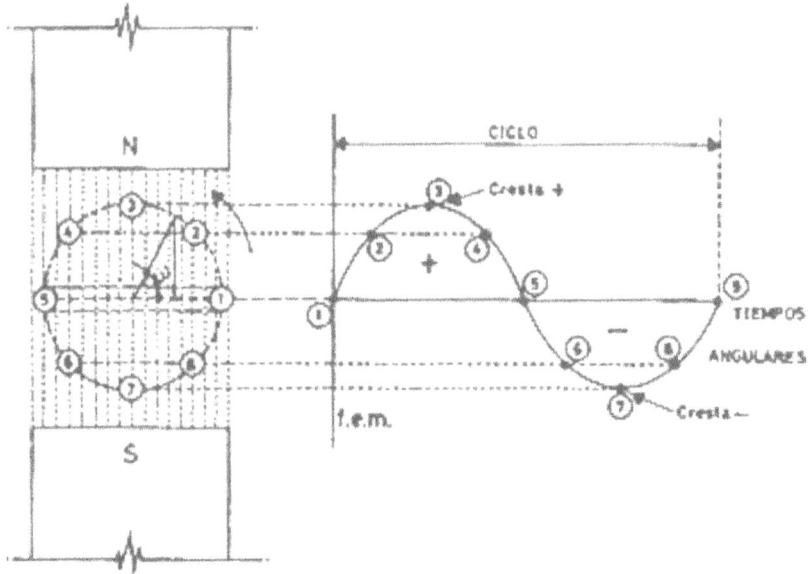

*El valor de la F.E.M inducida depende de:*

-De la velocidad relativa del campo magnético y del conductor.

-De la intensidad del campo magnético.

-Del tiempo que dure la variación del flujo.

*Propiedades de los circuitos de corriente alterna*

Los circuitos de corriente alterna, tienen tres propiedades de distinta naturaleza física, que son: resistencia, inductancia y capacitancia.

- Resistencia: oposición al paso de la corriente
- Inductancia: Conjunto de fenómenos que se producen en un circuito al variar la corriente que circula por él o por otro próximo al mismo. Se representa por L y su unida den el SI es el Henrio.

- Capacitancia: componente de la reactancia de un circuito de corriente alterna debido a la capacidad del mismo. Su valor es ½ π · u · C; siendo C la capacidad y u la frecuencia de la corriente. (Reactancia: componente, junto con la resistencia de la impedancia de un circuito por el que circula una corriente alterna).

La inductancia hace que el valor máximo de una corriente alterna sea menor que el valor máximo de la tensión; la capacitancia hace que el valor máximo de la tensión sea menor que el valor máximo de la corriente.

La capacitancia y la inductancia inhiben el flujo de corriente alterna y deben tomarse en cuenta al calcularlo.

*Generalidades de las instalaciones eléctricas en viviendas*

El tipo de corriente más utilizado hoy en día en todas las distribuciones eléctricas son las corrientes alternas, quedando las distribuciones de corriente continua para utilizaciones muy específicas, donde la mayoría de las veces es más fácil la corriente alterna en continua que generar estas corrientes continuas.

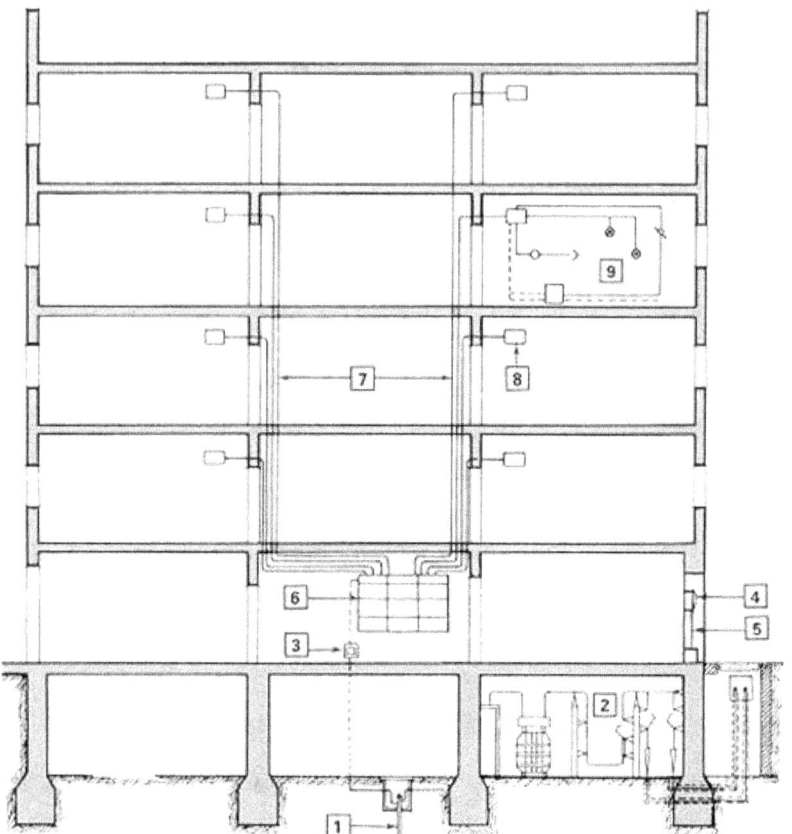

*Disposición general de las diferentes partes de una instalación común:*

*1 Red de tierras*

*2 Centro de transformación*

*3 Caja conexión a tierra*

*4 Caja General de Protección permanentemente accesible*

*5 Canal protector de cables*

*6 Centralización contadores*

*7 Derivaciones individuales*

*8 Cuadro mando y protección*

*9 Instalación interior vivienda*

*Electrificación general de edificios:*

| Lugares de consumo | | Grado de electrificación | | | |
|---|---|---|---|---|---|
| | | Mínima | Media | Elevada | Especial |
| Viviendas ( * ) | | Límite aplicación 80 m²** | Límite aplicación 150 m²** | Límite aplicación 200 m²** | Sin límite |
| | | 3 kW/vvda. | 5 kW/vvda. | 8 kW/vvda. | |
| Edificios de viviendas | Conjunto de viviendas | Suma de todas las viviendas, afectada de un coeficiente de simultaneidad | | | |
| | Servicios generales | Suma de todos los servicios (alumbrado escalera, ascensores, etc.) | | | |
| | Locales comerciales | 100 W/m² ( mínimo 3.000 W ) | | | |
| Edificios comerciales y de oficinas | | 100 W/m² ( mínimo 5.000 W ) | | | |
| Locales públicos (cines, teatros, etc.) | | La necesaria | | | |
| Industrias | | La necesaria | | | |
| Edificios destinados a concentración industrial | | 125 W/m² por planta | | | |

( * ) Unifamiliares o situadas en edificios.
( ** ) Superficie útil de la vivienda.

| Coeficiente de simultaneidad | | |
|---|---|---|
| N.º de viviendas | Electrificación mínima y media | Electrificación elevada y especial |
| 1ª | 1 | 1 |
| de la 2ª a la 4ª | 1 | 0,8 |
| de la 5ª a la 15ª | 0,8 | 0,7 |
| de la 16ª a la 25ª | 0,6 | 0,5 |
| de la 25ª en adelante | 0,5 | 0,4 |

Con objeto de facilitar directamente el cálculo de la previsión de carga del conjunto de viviendas situado en un edificio, se presenta el siguiente cuadro, que ha sido confeccionado a partir de los dos anteriores:

| Nº Total de Viviendas | Potencia prever en kW, según el grado de electrificación de las viviendas | | |
|---|---|---|---|
| | Mínimo | Medio | Elevado |
| 1 | 3 | 5 | 8 |
| 2 | 6 | 10 | 14,4 |
| 3 | 9 | 15 | 20,8 |
| 4 | 12 | 20 | 27,2 |
| 5 | 14,4 | 24 | 32,8 |
| 6 | 16,8 | 28 | 38,4 |
| 7 | 19,2 | 32 | 44 |
| 8 | 21,6 | 36 | 49,6 |
| 9 | 24 | 40 | 55,2 |
| 10 | 26,4 | 44 | 60,8 |
| 11 | 28,8 | 48 | 66,4 |
| 12 | 31,2 | 52 | 72 |
| 13 | 33,6 | 56 | 77,6 |
| 14 | 36 | 60 | 83,2 |
| 15 | 38,4 | 64 | 88,8 |

**Instalaciones eléctricas de baja tensión**
**Definición y clasificación**

La electricidad es una forma de energía que sólo se percibe por sus efectos, y los mismos son posibles debido a dos factores: la **Tensión** y la **Corriente eléctrica**.

En los conductores existen partículas invisibles llamadas

18

electrones libres que están en constante movimiento en forma desordenada. Para que estos electrones libres pasen a tener un movimiento ordenado es necesario ejercer una fuerza que los mueva. Esta fuerza recibe el nombre de tensión eléctrica (U), medida en Volt (V). Ese movimiento ordenado de los electrones libres dentro de los cables, provocado por la acción de la tensión, forma una corriente de electrones llamada corriente eléctrica (I), medida en Ampere (A). Decíamos anteriormente que la tensión eléctrica produce un movimiento de los electrones en forma ordenada, dando origen a la corriente eléctrica. Con esa corriente una lámpara se enciende y produce calor con una cierta intensidad. Esa intensidad de luz y calor son los efectos que percibimos al transformarse la potencia eléctrica en potencia luminosa (luz) y potencia térmica (calor). Cómo conclusión podemos decir que para haber potencia eléctrica debe haber tensión y corriente eléctrica. Una instalación es un conjunto de componentes eléctricos asociados y con características coordinadas entre sí con una finalidad determinada Las instalaciones de baja tensión son las alimentadas con tensiones no superiores a 1100 V. en CA o 1500 V. en CC. y las de extra-baja tensión son las alimentadas con tensiones no superiores a 50 V. en CA o 120 V. en CC.

*Los componentes de una instalación son:*

- Líneas o circuitos (conductores eléctricos)
- Equipamientos
- Elementos de maniobra y protección

19

*Están destinadas a transmitir energía o señales, y están constituidas por:*

- Los conductores eléctricos

- Sus elementos de fijación (abrazaderas, bandejas, etc.)

- Su protección mecánica (tableros, cajas, etc.)

*Se clasifican en:*

Para usos generales: son circuitos monofásicos que alimentan bocas de salida para alumbrado y bocas de salida para tomacorrientes. Deberán tener una protección para una intensidad hasta 16 A. y el número máximo de bocas por circuito es de 15.

Para usos especiales: son circuitos de tomacorrientes monofásicos o trifásicos que alimentan consumos unitarios superiores a 10 A. o para alimentar circuitos a la intemperie (parques, jardines, etc.). Deberán tener una protección para una corriente no mayor a 25 A.

De conexión fija: son circuitos que alimentan directamente a los consumos sin la utilización de tomacorrientes. No deben tener derivación alguna.

Los equipamientos ejecutan las siguientes funciones:

- Alimentación de la instalación (generadores, transformadores y baterías).

- Comando y protección (llaves, disyuntores, fusibles, contactores, etc.). Utilización, transformando la energía eléctrica en otra forma de energía utilizable (motores, resistores, artefactos de iluminación, etc.).

Fijos son los instalados permanentemente en un mismo lugar, como un transformador en un poste (alimentación), un disyuntor en un tablero (protección) o un equipo de aire acondicionado (utilización).

Estacionarios son los fijos o aquellos que no poseen posibilidad de transporte, como por ej. una heladera doméstica.

Portátiles pueden ser fácilmente cambiados de lugar o movidos durante su funcionamiento, como puede ser una aspiradora o una enceradora.

Manuales cuando pueden ser soportados por las manos durante su funcionamiento, como pueden ser las herramientas eléctricas portátiles.

Las instalaciones eléctricas de BT pueden estar sometidas a fallas o anormalidades en su funcionamiento que pueden causar graves daños a las mismas; éstas son:

Fallas Cuando en una instalación o un equipamiento dos o más partes que están a potenciales diferentes entran en contacto accidental por fallas de aislación, entre sí o contra tierra, tenemos una falla.

Una falla puede ser directa, cuando las partes tienen contacto físico entre sí, o indirecta, si no lo tienen. Cuando una de las partes es la tierra hablamos de una falla a tierra.

Un cortocircuito es una falla directa entre dos conductores vivos, esto sobrecorrientes Un cortocircuito es una falla directa entre dos conductores vivos, esto es:

<u>Fases o neutro</u>: Son las corrientes que excedan del valor nominal prefijado (por ejemplo la corriente nominal de un equipamiento o la capacidad de conducción de un conductor). Es un valor cualitativo, ya que si la corriente nominal es de 50 A, tanto una corriente de 51 A como otra de 5000 A constituyen sobrecorrientes.

Las sobrecorrientes deben ser eliminadas en el menor tiempo posible dado que pueden producir una drástica reducción en la vida útil de los conductores. Las corrientes de cortocircuito, por ser muy superiores a las corrientes nominales pueden además ser el origen de incendios.

*Pueden ser de dos tipos:*

Las corrientes de falla: que son las que fluyen de un conductor a otro o para tierra en caso de una falla. Cuando la falla es directa hablamos de corriente de cortocircuito. Las corrientes de sobrecarga  no tienen origen en fallas sino que se deben a circuitos subdimensionados, a la sustitución de equipamientos por otros de mayor potencia a la prevista originalmente, o por motores eléctricos que están accionando cargas excesivas.

*Corrientes de fuga* son las que, por fallas de aislación, fluyen a tierra o a elementos conductores extraños a la instalación. En la práctica siempre existen corrientes de fuga ya que no existen aislantes perfectos, pero son extremadamente bajas y no causan perjuicios a las instalaciones. Debido a las mismas en las instalaciones se deberán contemplar diversas funciones de corte que hacen a la seguridad de las personas y de los equipamientos; éstas son básicamente:

- Interrupción

- Protección

- Conmutación

*Elementos de interrupción (maniobra)*

Son dispositivos que permiten establecer, conducir e interrumpir la corriente para la cual han sido diseñados.

La norma IEC 947-1 define las características de los aparatos según sus posibilidades de corte:

- Seccionadores: cierran y cortan sin carga, pueden soportar un cortocircuito estando cerrados.

- Interruptores: denominados también seccionadores bajo carga, cierran y cortan en carga y sobrecarga hasta 8 In. Soporta y cierra sobre cortocircuito, pero no lo corta.

- Interruptores seccionadores: son interruptores que en posición abierto satisfacen las condiciones especificadas para un seccionador.

- Interruptores automáticos: son interruptores que satisfacen las condiciones de un interruptor seccionador e interrumpen un cortocircuito.

Para altas corrientes (30 a 1000 A) se suelen utilizar interruptores a cuchilla, colocados de manera tal que la gravedad tienda a abrirlas. Para usos domiciliarios se emplean llaves embutidas, normalmente combinadas con toma corrientes.

*Elementos de protección*

Son dispositivos que permiten detectar condiciones anormales definidas (sobrecargas, cortocircuitos, corriente de falla a tierra, etc.) e interrumpir la línea que alimenta la anormalidad u ordenar su interrupción a través del elemento de maniobra al que está acoplado. Cuando hablamos de protección nos estamos refiriendo a la protección de las personas, de los edificios o de las instalaciones. El elemento de protección tradicional es el fusible, pero los protectores automáticos aportan una mejor solución por mantenerse invariables en el tiempo y por la posibilidad de asegurar la continuidad del servicio. Elementos de conmutación Son dispositivos empleados cuando se requiere un comando automático y gran cadencia de maniobra, como sucede con el accionamiento de máquinas. De acuerdo al tiempo de desconexión de los "elementos de protección" se puede hablar de: *Protecciones rápidas* Actúan en el caso de producirse sobreintensidades súbitas, superiores a los valores normales (como es el caso de los cortocircuitos), entre ellas tenemos los fusibles y las protecciones automáticas magnéticas.

*Protecciones retardadas* Actúan también cuando la sobreintensidad es superior a la normal pero se da lentamente, sin adquirir valores inmediatos peligrosos, pero de persistencia perniciosa, entre ellas están las llaves térmicas.

24

*Protecciones combinadas* son una combinación de las anteriores, como las protecciones termomagnéticas. Los sistemas de distribución y las instalaciones son caracterizados por sus tensiones nominales, dadas en valores eficaces. Las tensiones nominales son indicadas por Uo/U ó por U, siendo Uo la tensión fase neutro y U la tensión fase - fase. Las tensiones usadas en las redes públicas de baja tensión son de 220 volts., para sistemas monofásicos y 220 y 380 V. para sistemas trifásicos.

## Acometida, caja general de protección, línea repartidora

*Suministro de los hogares: acometidas de Baja Tensión*

Para suministros inferiores a 50 KVA lo normal es que las acometidas a edificios sean en baja tensión. Las acometidas se realizan de tal forma, que los conductores, lleguen a la caja de protección, totalmente aislados y protegidos, contra cualquier posible fraude de toma de corriente en el trayecto. Al ser la acometida eléctrica el punto de toma de la energía eléctrica de la red de distribución al edificio, viene condiciona da por la situación de esta red, y así podemos dividir las acometidas en dos tipos:

Acometidas aéreas: Está impuesta cuando la red de distribución es aérea y, por tanto, la toma se hace en esta red aérea, realizándose con unos empalmes de derivación, en una zona próxima a la fijación de la línea, para evitar movimientos y que generalmente se materializa, con una palomilla de aisladores que va fijada al parámetro vertical del edificio, guardando especial cuidado en evitar la entrada de agua de lluvia a través del tuvo protector o entrada a la caja de protección a través del tuvo, el diámetro mínimo de este tubo es de 100 mm. La línea de distribución urbana, de donde se toma para la acometida, puede serla res aérea convencional (4 hilos separados9, o bien de red trenzada (conductores trenzados formando un haz).

Acometidas subterráneas: Es la más racional para grandes poblaciones, donde las redes de distribución urbanas representan una gran tela de araña subterránea que discurre por el subsuelo desde donde se deriva hasta penetrar en los edificios a la correspondiente caja de protección. Las tomas se realizan en las cajas de distribución urbanas. Esta acometida es más segura y más duradera al estar más protegida y resguardada.

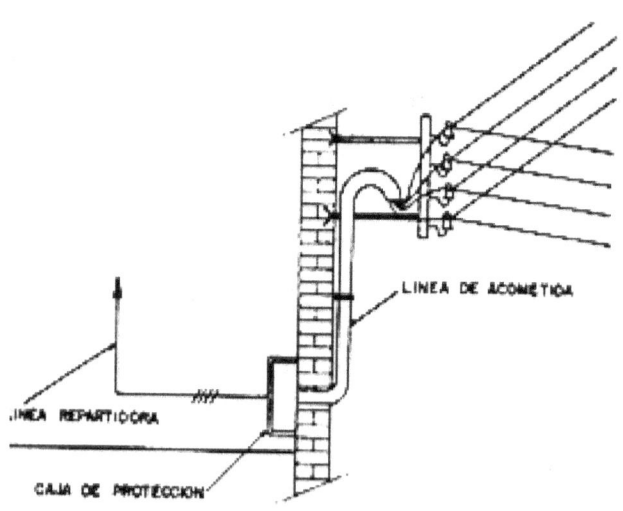

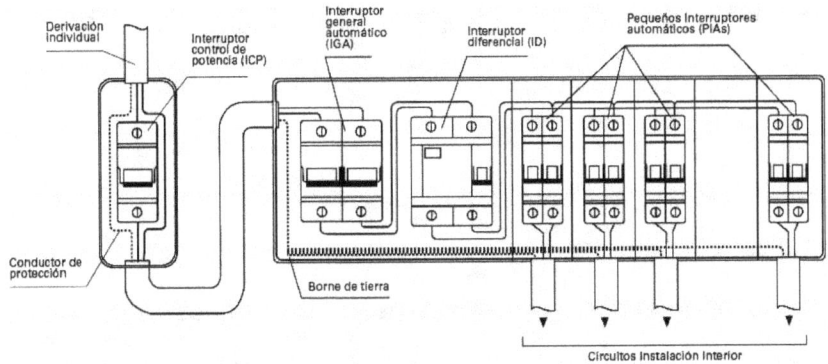

## Cajas generales de protección

Es la caja que aloja los elementos de protección de la línea repartidora, marca el principio de la propiedad de las instalaciones eléctricas del abonado. Son las derivaciones individuales de abonado que, partiendo del cuadro general de distribución, enlazan con todos los receptores de la instalación, fundamentalmente, a través de puntos de enchufe y de luz.

-Las tensiones de uso, no serán superiores a 250 V son relación a tierra.

-En las nuevas edificaciones, se dispondrá de una toma tierra de protección.

-Los conductores utilizados en la instalación interior serán: rígidos o flexibles pero de cobre.

-Las secciones mínimas serán las siguientes:

-Circuito de alumbrado, 1mm$^2$.

-Circuito de alimentación de tomas de corriente en viviendas con grado de electrificación mínimo 1.5 mm$^2$.

-Con grado de electrificación medio y elevado 2.5 mm$^2$.

-Circuito de alimentación a lavadora y calentadores, 4 mm2.

-Circuito de alimentación a cocina, frigorífico y secador, 6 mm2.

-Se identificará bien por los colores de su aislamiento o por inscripciones sobre el mismo (amarillo y verde para protección y azul para el neutro).

-No se utiliza el mismo conductor neutro para varios circuitos.

-Las tomas de corriente de una habitación deben estar conectadas a la misma fase.

-En los cuartos de baño se deben extremar las medidas de precaución (en el volumen de prohibición no se instalarán interruptores, tomas ni aparatos de iluminación).

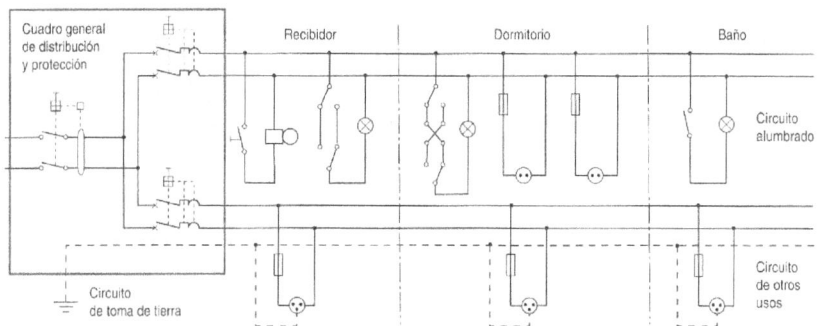

Representación de derivaciones desde el cuadro general

# Contador de energía eléctrica, centralizaciones

La acometida de un edificio es el límite entre la instalación propia del edificio y la instalación pública de distribución y transporte. Este es un límite importante, ya que, desde la acometida hasta los puntos finales de conexión son propiedad y responsabilidad del propietario del edificio, y desde esta hacia fuera es propiedad y responsabilidad de la compañía suministradora de electricidad. En general se dispondrá de una sola acometida por edificio; sin embargo, podrán establecerse acometidas independientes para suministros cuyas características especiales así lo aconsejen. Se entiende que la acometida siempre se encuentra en la caja general de protecciones del edificio. Estas protecciones son obligatorias, evitando que averías internas del edificio deje sin suministro al resto de usuarios de la red pública de distribución y transporte. Estas protecciones cortan el suministro por aumentos peligrosos de intensidad eléctrica, debido a cortocircuitos, por incorrectas manipulaciones o averías en los equipos receptores. En cualquier edificio, la acometida se encuentra normalmente junto a los contadores eléctricos. Un contador eléctrico no es más que un dispositivo que mide y registra la energía eléctrica que consume un receptor. La diferencia entre dos lecturas, corresponderá a la energía suministrada en el período de tiempo transcurrido entre ambas lecturas.

*Tipos de contadores*

- Contadores electrónicos monofásicos con indicación digital o mecánica, cuya función es la de medir la energía de cada sector de su instalación; es decir, un control de cada toma individual de corriente, (enchufes para caravanas en campings, carga de baterías en embarcaderos, consumos abusivos de corriente en hoteles, alimentación de aparatos de exposición en grandes almacenes, consumos de paradas en mercados centrales, etc.).

- Contadores electrónicos trifásicos de energía activa y reactiva, cuya función es la de medir la energía eléctrica consumida por un circuito trifásico (consumos parciales de motores, maquinaria de hostelería, bombas de agua, etc.) - Módulo centralizador de impulsos, que conectado a un PC mediante una red RS-485 o Ethernet le ofrece un control absoluto de la energía eléctrica consumida por cualquiera de los contadores anteriores o de cualquier otra fuente de impulsos (contadores agua, gas, etc.).

*Centralizadores*

Son equipos centralizadores de impulsos (de contadores de energía) con 24 / 50 entradas (opto acopladas) para la lectura de dicha energía. El valor de los mismos se almacena en una memoria interna. Disponen de un puerto serie RS-485 (LM24-M) o de un puerto Ethernet (LM50-TCP) para ser conectado a una red de comunicaciones. Esto permite la petición de los distintos contadores a través de un PC o un autómata. En una misma red RS-485 pueden conectarse varios normalmente hasta 32 equipos y hasta 255 equipos con repetidores. Pueden conectarse a la red Ethernet tantos como la misma permita. El LM50 -TCP presenta otra ventaja y es la de actuar de pasarela Ethernet para una red RS485, Dispone de instrucciones para la lectura y puesta a cero de los distintos contadores.

**Derivación individual. Instalaciones de interior de viviendas**

Una línea eléctrica no es más que un conjunto de cables que transportan electricidad. Estas líneas suelen agruparse por usos, así podremos tener líneas de alumbrado, tomas de corriente, sala de máquinas, cocinas, etc., de manera que las protecciones de circuitos se van haciendo de manera escalonada. Así por ejemplo, en un edificio de oficinas nos encontraremos con un cuadro general de protecciones del que partirán las líneas de distribución para distintos usos, con sus respectivos cuadros de mando y protección independientes, que a su vez, se pueden subdividir en cuadros parciales distribuidos por zonas, de manera que los fallos que ocurran en una determinada zona puedan aislarse y no afecten al resto de la instalación. Las secciones de los cables a utilizar deberán ser adecuadas, desde el punto de vista de seguridad, para evitar calentamientos o caídas de tensión excesivas. Las secciones mínimas de los cables a utilizar será:

- Alumbrado: 1'5 mm2
- Tomas de corriente en viviendas: 2'5 mm2
- Electrodomésticos de cocina: 4 mm2
- Calefacción eléctrica y aire acondicionado: 6 mm2

31

Las secciones de los cables flexibles para alimentación de aparatos electrodomésticos o similares será la indicada en la siguiente tabla:

| Intensidad nominal del aparato<br><br>In, Amperios | Sección del conductor<br><br>mm² |
|---|---|
| In £ 10 | 0'75 |
| 10 < In £ 13'5 | 1 |
| 13,5 < In £ 16 | 1'5 |
| 16 < In £ 25 | 2,5 |
| 25 < In £ 32 | 4 |
| 32 < In £ 40 | 6 |
| 40 < In £ 60 | 10 |

Los cables que componen las líneas de distribución deben ser fácilmente identificables por los colores de su cubierta y en instalaciones complejas se añadirán rótulos indicadores y numeración en los extremos de los cables.

*Los colores de cables utilizados son:*

Tierra: Verde-Amarillo.

Neutro: Azul claro.

Fases: Negro o Marrón en instalaciones monofásicas y Negro, Marrón y Gris en instalaciones trifásicas.

*Clases de derivaciones*

-Instalaciones al descubierto: los conductores van montados sin tubo aislante protector, y soportados por medio de aisladores que, a su vez se fijan sobre las paredes y techos.

-Instalaciones bajo tubo saliente: los conductores van introducidos en un tubo o cubierta aislante de hierro emplomado, plástico, etc., y montados en el interior de los muros y paredes.

-Instalaciones bajo tubo empotrado: los tubos aislantes van montados en el interior de los muros, de forma que no sean visibles al exterior.

-Instalaciones especiales: Entre estas instalaciones podemos contar las instalaciones con conductores directamente empotrados, las instalaciones tubulares, las instalaciones para atmósfera húmedas.

*Materiales conductores*

-Los conductores que se emplean en instalaciones interiores se presentan en forma de hilos o cables.

-Los conductores más utilizado y comunes son los hilos, cables y pletinas.

-Un hilo es un conductor cilíndrico compuesto por un solo alambre rígido de hasta 4 mm2 de sección (a partir de esta medida se les denomina varillas).

-Un cable es un conductor formado por varios hilos muy finos, trenzados, que le dan mayor flexibilidad.

-Las pletinas son conductores de sección rectangular que se usan frecuentemente en cuadros eléctricos de distribución.

-La ventaja fundamental del cable sobre el hilo es su flexibilidad. Es por esta razón que, excepto para pequeña secciones, resulte siempre preferible el empleo de cables.

-Estructuralmente, un conductor para instalaciones interiores consta de las siguientes partes:

En la parte central están los conductores, que son los elementos destinados a conducir la corriente. Se denomina cuerda a cada uno de los grupos de conductores que constituyen un cable. Cuando el hilo o cable consta de un solo conductor, se le denomina monoconductor.

Cada conductor, lleva su propio aislamiento, destinado a aislar eléctricamente de los demás conductores. Se denomina alma o vena al conjunto del conductor y aislamiento.

-Un conjunto de conductores de un hilo o cable policonductor lleva muchas veces un aislamiento denominado cintura, que se aplica sobre las almas reunidas y que, generalmente, es de la misma naturaleza que el aislamiento de estas almas.

-Los materiales conductores empleados en instalaciones interiores son el cobre y el aluminio. El cobre tiene mejores propiedades eléctricas que el aluminio (actualmente se emplea casi solo el cobre, aunque el aluminio es más económico).

-El cobre es un metal muy maleable, dúctil y de color rojizo. Puede ser fundido o forjado, laminado, estirado, y mecanizado en máquinas o herramientas.

-El aluminio es un metal maleable, dúctil, de color blanco plateado. Se trabaja fácilmente por laminación, estirado, fundición, forjado y mecanizado en máquinas herramientas.

*Materiales aislantes y protectores*

-Los materiales aislantes se emplean en los conductores para instalaciones interiores comprenden, por un lado, los materiales plásticos (termoplásticos y termoestables) y, por otro lado, los elastómeros. Los más empleados para la constitución de aislantes para los conductores son: PVC, PEHD, Neopreno y etileno-propileno.

-Los principales materiales empleados en los recubrimientos protectores de conductores para instalaciones interiores son los mismos que los utilizado son los aislamientos interiores y fibras textiles alquitranadas.

-Como envoltura metálica y, sobre todo, en ambientes húmedos se usa muchas veces un tubo de plomo que envuelve a los conductores convenientemente aislados. Los conductores, así dispuestos, tienen la ventaja que pueden fijarse directamente a las paredes por medio de grapas sin necesidad de tuvo protector.

-En las instalaciones sometidas a elevados esfuerzos mecánicos, se utilizan conductores armados; la armadura está constituida por hilos de hierro galvanizado, aplicados helicoidalmente sobre el aislamiento interior del cable.

## Dispositivos de accionamiento

*El interruptor.* Al accionarse en una de las dos posiciones, abre o cierra un circuito eléctrico de forma permanente. En las instalaciones de una vivienda se emplean fundamentalmente los interruptores de cajita. Existen dos tipos. De tipo giratorio, para montajes salientes y de tipo Tumbler para montaje empotrado o saliente.

*El conmutador de dos direcciones*: dispone de tres bornes de conexión. Por uno de ellos llamado común entra la corriente, y al accionarse el conmutador la salida se produce alternativamente por los bornes restantes. Se utiliza para gobernar un receptor desde dos o más puntos alternativos.

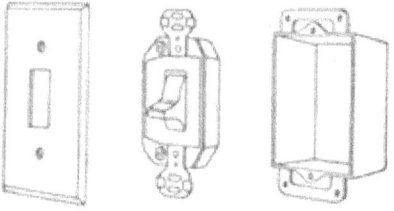

Interruptor con caja y tapa protectora

*El conmutador de cruzamiento*: dispone de 4 bornes de conexión que mediante dos posiciones se conectan dos a dos en cada una de ellas. Existen varias posibilidades de unir los contactos: en forma de paralelas horizontales, verticales y cruzados.

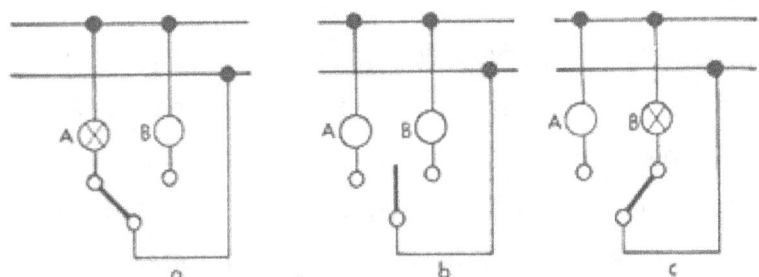

Esquema de circuito de conmutador de cruzamiento

*El pulsador*: es un tipo especial de interruptor. El llamado pulsador a la conexión mantiene cerrado el circuito sólo mientras el dispositivo permanece pulsado. El pulsador a la desconexión hace el efecto inverso al anterior: el circuito está normalmente cerrado y se abre cuando se pulsa.

*Dispositivos de Protección*

En los circuitos se dan situaciones cuyos efectos es necesario prevenir, algunos de los más peligrosos son:

-Las sobrecargas: son las subidas de intensidad producidas por la conexión al circuito de muchos receptores unidos entre sí en paralelo.

-Los cortocircuitos: son las subidas de intensidad por entrar en contacto directo dos puntos del circuito a distinto potencial (la resistencia entre ambos se hace prácticamente nula)

Los dispositivos para prevenir estas situaciones son los fusibles, los interruptores automáticos y el diferencial.

*Fusibles*

Los conductores eléctricos de una instalación deben protegerse contra los cortocircuitos y las intensidades excesivas, llamadas sobreintensidades. El procedimiento más sencillo y a la vez el más utilizado es intercalar en el circuito que se ha de proteger un trozo de material fácilmente fusible, que funde al pasar por él una intensidad demasiado grande y abre de esta manera el circuito, protegiendo así los aparatos receptores conectados a la red eléctrica. Los fusibles han de cumplir las siguientes condiciones previas:

a) Los fusibles corresponderás a la intensidad de la corriente que ha de circular por el conductor.

b) Los fusibles no serán recambiables y se les dará una forma tal que impida el que se utilicen para cargas demasiado grandes.

c) Los fusibles deben tener una indicación que permita reconocer a simple vista si están quemado o no.

*Clases de fusibles:*

Según la forma que adopta el material fusible y la disposición general del conjunto, se fabrican fusibles de muy diversas características. Pueden englobarse en tres grupos:

-*Fusibles de tapón*: se usan para pequeñas intensidades, hasta 10 A, consta de tres piezas, denominadas tapa, tapón fusible y base portafusible. En el interior del tapón va el hilo fusible. Para cada intensidad, el diámetro de la parte roscada es distinto de forma que, para una base determinada, sólo puede roscarse el tapón que corresponde a dicha intensidad.

-*Fusible de cartucho*: consta de dos partes: el fusible y la base portafusible. A su vez el fusible propiamente dicho consta de tres piezas: tapón roscado, que fija el cartucho fusible a la base y lleva un dispositivo que muestra si el fusible está quemado; el cartucho es un cilindro hueco de material aislante, en cuyo interior se encuentra el hilo fusible; el tornillo de ajuste tiene su parte superior de material aislante con una abertura ajustada a las dimensiones del extremo inferior del cartucho fusible, la parte inferior se rosca sobre un agujero roscado que hay en la base. A cada intensidad le corresponde un cartucho de diferente diámetro, y a cada tensión uno de diferente longitud.

-*Fusible de placa*: Se emplean para intensidades de más de 60 A. En su forma más sencilla consta de varios hilos de aleación fusible soldados a piezas especiales de fijación. El inconveniente es que la reposición de los hilos fusible ha de efectuarse bajo tensión, lo que muchas veces resulta peligroso. Puede suprimirse con fusibles especiales que pueden desconectarse bajo tensión.

Fusible de tapón

39

Fusibles de placa y de cartucho

### Interruptores automáticos

Cumplen la misma función que los fusibles, únicamente se diferencian en que los sistemas de corte se producen con un interruptor accionado automáticamente.

### Interruptor diferencial

Es un elemento de protección contra los contactos indirectos (se desvía la corriente a una parte metálica del receptor y a la toma tierra) El diferencial es un elemento muy sensible a la corriente de fuga a tierra. Recibe su nombre por la forma de trabajo, que se basa en hacer un balance entre todas las corrientes que entran en la instalación consumidora y las que salen. Esta diferencia normalmente es cero, pero si se produce una avería en la que una fase está tocando la masa de un aparato, por estar conectada a tierra se produce una corriente a través del terreno. E interruptor se dispara cuando la intensidad se corriente hacia tierra supera un umbral de intervención independientemente del consumo de corriente que se esté produciendo en la instalación.

Los interruptores con sensibilidad de 0,03 A p lo que es igual 30 mA. o con menor umbral se llaman interruptores de media y baja sensibilidad.

## Otros dispositivos

*Puesta a tierra*

Poner a tierra significa unir a tierra un punto de una instalación a través de un dispositivo apropiado, con objeto de conseguir que no existan diferencias de potencial peligrosas entre diferentes elementos de una instalación. Igualmente debe de permitir evacuar a tierra las corrientes de derivación o las descargas de origen atmosférico. El objeto primordial de la puesta a tierra en una edificación es el de la protección de los circuitos eléctricos y de los usuarios de estos circuitos.

*Enchufes*

Se denomina también tomas de corriente. Son dispositivos, que se utilizan para la conexión y desconexión de la red de aparatos móviles tales como lámparas de sobremesa, planchas, etc. El enchufe consta de la base y la clavija. La base es la parte fija y se conectará a la red. La clavija es la parte móvil y se conectará al aparato que debe alimentar. Los enchufes de hasta 10A se fabrican de porcelana, baquelita, plástico, etc. para montaje saliente o empotrado. Cuando los bornes de conexión de la clavija son de sección circular se trata de enchufes normales y cuando son rectangulares, enchufes americanos.

Plano de una instalación y sus componentes

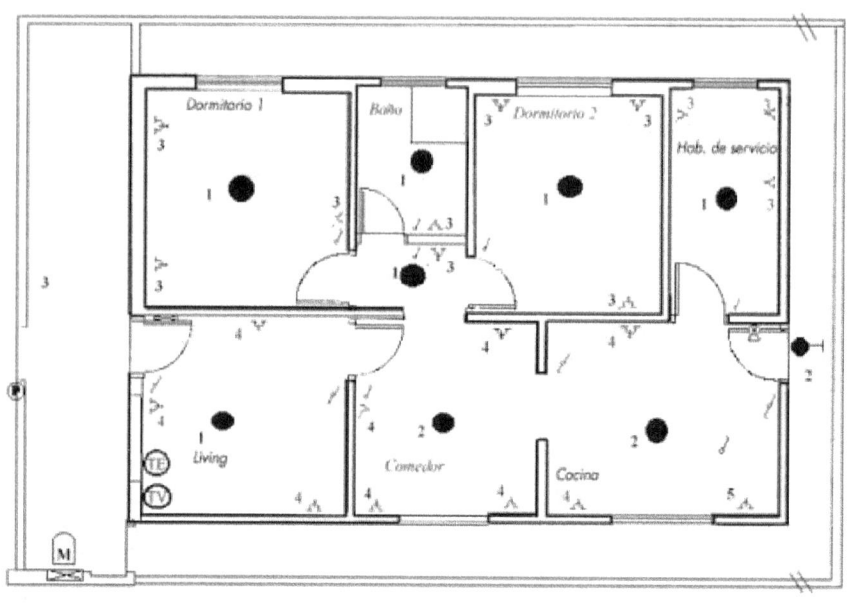

REFERENCIAS

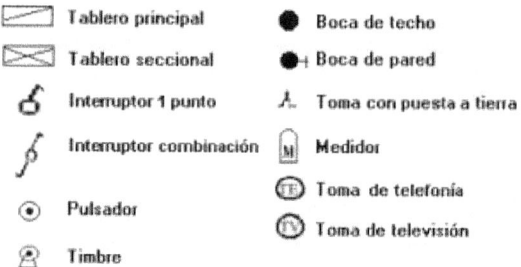

| | |
|---|---|
| ▱ Tablero principal | ● Boca de techo |
| ⊠ Tablero seccional | ●⊣ Boca de pared |
| 𝄢 Interruptor 1 punto | ⅄ Toma con puesta a tierra |
| 𝄠 Interruptor combinación | Ⓜ Medidor |
| ⊙ Pulsador | ⓉⒺ Toma de telefonía |
| ⓶ Timbre | ⓉⓋ Toma de televisión |

## Instalaciones de megafonía

*Normas generales a la hora de efectuar una instalación de megafonía*

Naturalmente, las condiciones ambientales y de entorno varían tanto de una instalación a otra (pasillo de hotel, playa, iglesia, gran superficie, verbena, comercio) que es muy difícil dar normas generales pero vamos a tratar al menos de dar orientaciones para los casos más frecuentes. Mediante un sistema de Megafonía se pretende producir una señal sonora para que sea escuchada en una zona amplia. El oído humano responde a un conjunto de frecuencias entre 20Hz y 20000Hz (20KHz). La mayor parte de las instalaciones de megafonía se utilizan solo para difusión de la palabra o para música con calidad media. Es suficiente trabajar en una banda de frecuencia entre 100Hz y 10KHz para asegurar una calidad aceptable del mensaje reproducido. Toda la gama de megafonía supera ampliamente estos márgenes. Alguna de las series disponibles presenta características Hi-Fi.

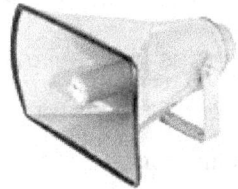

Un sistema de megafonía debe conseguir una distribución de sonido constante en el área de audiencia. Los altavoces deben ser colocados regularmente sobre el área a sonorizar para evitar zonas con alto nivel de salida, que provocarían molestias al oyente en las proximidades de los altavoces. También se deben evitar zonas con poco nivel. Cuando el sistema se aplique a la reproducción de la palabra debe asegurarse la inteligibilidad para una buena comprensión del mensaje. Para ello evitaremos el ruido de fondo, reverberación y reflexiones del sonido que puedan provocar ecos molestos. La conexión de los altavoces en baja impedancia (Baja Z) se usa cuando la distancia entre amplificador y altavoces es corta (menos de 30m). La instalación en Baja Z permite la conexión directa entre altavoces y amplificador.

*Elección de altavoces en baja Z:* Para efectuar una correcta instalación hay que conseguir que la impedancia resultante del total de altavoces conectados coincida con la impedancia de salida del amplificador, para que la transferencia de potencia sea máxima:

**Z salida Amplificador = Z entrada Altavoces.**

La potencia de los altavoces conectados a la salida debe ser igual a la potencia entregada por el amplificador:

**P salida Amplificador = P Altavoces.**

En caso de utilizar altavoces de bocina se recomienda usar el doble de potencia en los altavoces de bocina que la potencia entregada por el amplificador. Estos altavoces tienen una estrecha respuesta en frecuencia y un alto rendimiento. Con este margen de seguridad se evitan posibles daños en los altavoces por frecuencias amplificadas fuera del rango de respuesta del altavoz.

**2 x P salida Amplificador = P Altavoces de Bocina**

*Alta Z (100V, 70V, 50V):* Para distancias superiores a 30m la conexión de los altavoces al amplificador se realizará mediante línea de alta impedancia (Alta Z o línea de 100V). Esta técnica permite grandes tiradas con cables de menor sección. La salida de bajo voltaje de un amplificador de audio es convertida a una señal de alto voltaje: 100V (70V, 50V). En el altavoz un transformador de línea convierte la señal al voltaje original. Requiere el uso de un transformador de línea para cada altavoz o el uso de altavoces con transformador incorporado.

*Elección de altavoces en alta Z*: Este sistema de instalación elimina el cálculo de impedancias y montajes serie-paralelo. Todos los altavoces se conectan en paralelo a los dos hilos de la salida del amplificador. La potencia de salida del amplificador debe ser igual a la suma de la potencia de los transformadores de los altavoces:

**P salida Amplificador = P Altavoces.**

Con altavoces de bocina se recomienda seleccionar la potencia inferior a la máxima (o mitad de potencia máxima) en el selector-conmutador de entradas del transformador. La suma de las potencias seleccionadas en los transformadores de los altavoces de bocina debe ser igual a la potencia entregada por el amplificador. Con esta configuración protegemos a los altavoces de bocina de posibles daños producidos por frecuencias amplificadas fuera del ancho de banda de trabajo:

**P salida Amplificador = P*Altavoces de Bocina.**

P*= Potencia seleccionada en el Altavoz de bocina, debe ser inferior a la máxima (se aconseja la mitad).

Conmutador-Selector de potencia en Líneas de Alta Z/100V: 10W, 7.5W, 5W, 2.5W o Baja Z, 8 Ohmios.

*Conexión de altavoces:*

La impedancia de los altavoces conectados en serie es la resultante de la suma de las impedancias instaladas.

Serie:   AL AMPLIFICADOR
16 Ω

La impedancia de los altavoces conectados en paralelo es la resultante de la división de la impedancia nominal del altavoz por el número de altavoces (cuando todos los altavoces tienen la misma impedancia).

$$Z_T = Z_{NOMINAL}/n$$

Paralelo:   AL AMPLIFICADOR
4 Ω

*Equipamiento de audio:*

Un sistema de audio se compone de una fuente de señal que genera señal eléctrica de audio, un preamplificador/mezclador que adapta la señal eléctrica de audio de salida de las fuentes a los niveles de entrada de la etapa de potencia. También mezcla las señales de varias fuentes y ofrece a la salida una única señal. La etapa de potencia amplifica la señal y alimenta a los altavoces, que reproducen el sonido.

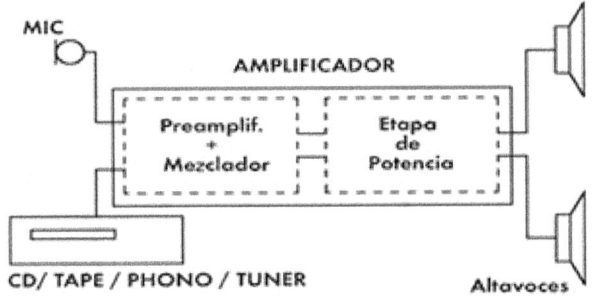

*Micrófono*

El micrófono es uno de los componentes más importantes del equipo que puede mejorar o disminuir la eficacia de una instalación. En rasgos generales existen dos familias de micrófonos: dinámicos y de condensador (electret). Se diferencian fundamentalmente en que los micrófonos de condensador (electret) son más sensibles y necesitan una batería o tensión "phantom" para alimentar el preamplificador de la cápsula de condensador. Si en algún caso especial la instalación presenta problemas de ruido eléctrico o frecuencias no deseadas de emisoras de radio, radioaficionados, etc., se hace necesario el uso de instalaciones con LÍNEA BALANCEADA. Estas instalaciones utilizan líneas de 3 hilos para micrófonos evitando así la captación a través de ellas de las señales indeseadas.

Además de los micrófonos típicos de mano o sobremesa, con o sin flexo, existen tipos especiales de micrófonos como el "boundary" o "de ratón", utilizado en altares, mesas de conferencias, etc. y los cada día más utilizados micrófonos inalámbricos de mano y de solapa. Cuando existan problemas de realimentación o niveles altos de ruido ambiental se recomienda el uso de micrófonos direccionales (cardioides o unidireccionales).

*Amplificadores*

Los amplificadores incorporan una etapa de potencia y un mezclador/preamplificador, proporcionando todas las prestaciones en un solo equipo. Nuestra gran gama de amplificadores cubre el más amplio abanico de posibilidades. Los amplificadores y etapas de potencia FONESTAR tienen salidas de baja impedancia, Baja Z: 4, 8, 16 Ohms y de alta impedancia, Alta Z: líneas de 100V. 70V y 50V. También se puede optar por un equipo compuesto por un mezclador/preamplificador y por una etapa de potencia. Por último, mediante un sistema de zonas se pueden controlar diferentes zonas, compuestas por un grupo de altavoces.

Amplificador

*Altavoces*

Existe una gran gama de altavoces para todo tipo de aplicaciones y condiciones de funcionamiento. Hay que diferenciar entre altavoces de alta y baja impedancia por las características eléctricas de su entrada, aunque no se diferencian en sus

48

características acústicas. Las grandes familias de altavoces son dos. Altavoces de Radiación Directa y Altavoces de Bocina.

Diagrama Polar Altavoz Exponencial

Diagrama Polar Altavoz de Radiación Directa

*Los Altavoces de Radiación Directa* se colocan en cajas conformando diferentes configuraciones:

-Columnas de Sonorización: Al colocar los altavoces en una columna aumenta la directividad vertical. Dirigiendo las columnas hacia los oyentes se reduce la dispersión del sonido, concentrándolo en la zona de audiencia; Aplicaciones de interior, palabra con gran calidad.

-Proyectores de Sonido: Para instalaciones de interior en techo, pared, pasillo.

49

-Pantallas acústicas y Bafles: Aplicaciones de interior, palabra y música con gran calidad.

-Altavoces de jardín: Con imitación a rocas para aplicaciones en exterior. Resistentes a la intemperie.

-Esferas Colgantes: Cobertura omnidireccional horizontal. Para sonorizar grandes superficies, polideportivos, naves industriales, etc.

-Altavoces de Techo: Para empotrar en falsos techos.

*Los Altavoces de Bocina* están compuesto de un motor de compresión y una bocina que puede tener diferentes formas, exponencial con boca redonda o rectangular, fabricada en aluminio o ABS. Estos altavoces son más eficaces que los de radiación directa. Tienen más directividad, lo que permite concentrar el sonido en la zona de audiencia. Poseen una repuesta en frecuencia menor. Son apropiados para uso en exterior y en ambientes industriales y agresivos, para palabra y música de poca calidad.

**Instalaciones: Recintos abiertos y cerrados**

*Recintos abiertos*

Si el recinto es abierto la norma general es el uso de altavoces de bocina, especialmente si el objetivo de la instalación es el de hacer llegar la palabra a una extensa zona. Hay que tener en cuenta, a la hora de situar los altavoces, que el altavoz de bocina es muy direccional. La distribución regular de altavoces debe proporcionar un nivel de sonido constante en toda la zona de audiencia. Se deben evitar reflexiones que provoquen que el mensaje hablado sea ininteligible. Si la instalación requiere mayor calidad musical, será necesario añadir algún proyector o caja acústica o incluso realizar toda la instalación con este tipo de altavoces. El proyector y la caja acústica son mucho menos direccionales y por lo tanto se pierde gran parte de la potencia al no concentrarla en la zona de audiencia. Además los altavoces de radiación directa son menos eficaces que los de bocina. Por lo que habrá que instalar potencia bastante. La conexión de los altavoces al amplificador en BAJA Z se usa principalmente cuando la distancia entre amplificador y altavoces es corta (menos de 30 m.). Cuando la distancia entre el amplificador de potencia y los altavoces es grande, lo que supone tiradas de cables de gran longitud, será necesario realizar las instalaciones con línea de ALTA Z para evitar pérdidas de potencia en los cables.

*Recintos cerrados*

En recintos cerrados las diferencias de unos locales a otros hacen que las instalaciones varíen enormemente. La altura de techo, volumen, materiales, recubrimientos, nivel de ruido, etc., obligan a considerar unas u otras soluciones.

Antes de proceder a la instalación por tanto, habrá que considerar:

- Distancia entre amplificador y altavoces para realizar la instalación en BAJA Z o en ALTA Z.

- Configuración de la sala. Nivel de sonido en el recinto y calidad deseada para seleccionar el tipo de altavoz a usar: esfera colgante, columna sonora, proyector, caja acústica.

- Reverberación del local y Ruido Ambiental. Para instalar más o menos altavoces y situación de los mismos. En locales muy reverberantes y ruidosos habrá que distribuir más altavoces, de manera que todos los oyentes estén situados dentro de la radiación directa de al menos un altavoz.

- Necesidades en cuanto a palabra, música, micros, etc., para seleccionar los modelos más adecuados de amplificadores, micrófonos, etc.

Para evitar la realimentación y la generación de acoples no se deben situar nunca los micrófonos dentro del haz de radiación directa de los altavoces. La distribución regular de altavoces debe proporcionar un nivel de sonido constante en toda la zona de audiencia. Se deben evitar reflexiones que provoquen que el mensaje hablado sea ininteligible. Todo los oyentes deben estar dentro del haz directo de sonido de al menos un altavoz. Si existe un orador se debe colocar uno o varios altavoces cerca de su posición para identificar en el mismo lugar al orador y la fuente sonora. El altavoz de techo es una solución generalmente válida para cualquier recinto, siempre que la altura de techo no sea excesiva (máx. 4 metros). Para calcular el número de altavoces podemos considerar como norma general que la distancia entre altavoces debe ser el doble de la altura que hay entre un plano imaginario situado en el oído de los oyentes y el techo. La colocación en el techo podrá ser en ZIG-ZAG o en una malla rectangular. La potencia de los altavoces la seleccionaremos en función del nivel de volumen deseado. La gama de altavoces de techo comprende toda clase de tamaños y potencias para todo tipo de instalaciones. En locales de grandes dimensiones y sobre todo si los techos son altos, como ocurre en la mayoría de las iglesias, se recomienda el uso de columnas sonoras en las paredes o en las columnas. En este tipo de recintos que habitualmente están recubiertos de materiales muy poco absorbentes y por lo tanto presentan problemas de reverberación, hay que tratar de evitar la misma ya que de lo contrario la palabra puede llegar a ser ininteligible por acumulación de señales acústicas reflejadas.

Plano de instalación de megafonía

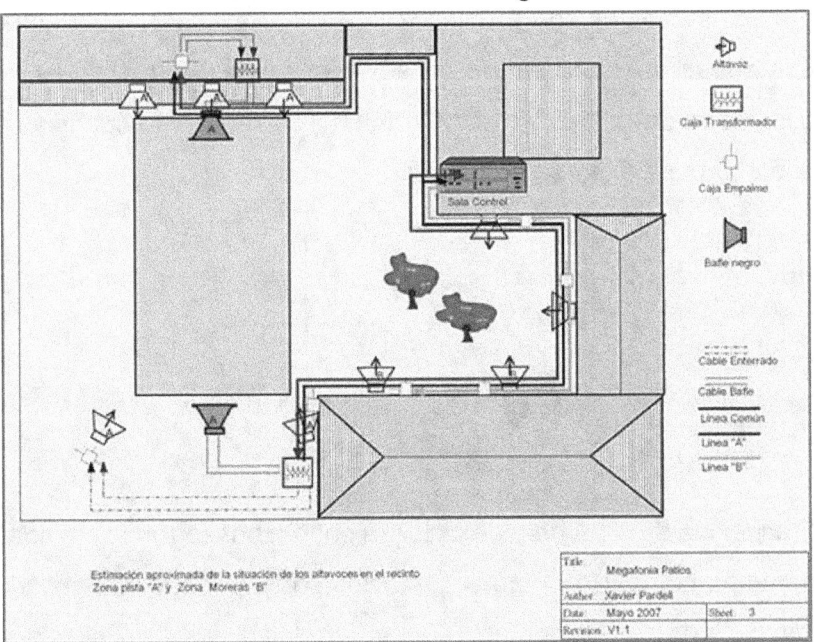

# Instalaciones de antenas

Una antena es un conductor capaz de radiar o recibir energía. Un transmisor convierte energía eléctrica en ondas electromagnéticas (radio) que son radiadas hacia afuera por antenas a la velocidad de la luz - aproximadamente 300.000.000 metros por segundo. La antena de un receptor convierte estas radio-ondas en energía eléctrica la cual es interpretada por los circuitos electrónicos en su receptor y transformados de vuelta en voces y música.

*Frecuencia y Longitud de Onda*

Estos dos términos son intercambiables y denotan la presencia de energía radial en alguna parte o algún punto del espectro de radio *Frecuencia*: estas son 2 unidades de medida muy relacionadas. Las ondas de radio varían en su longitud desde fracciones de centímetros a miles de metros. La longitud de una frecuencia de onda corta se expresa en metros.

Frecuencia es el número de ciclos (u ondas) por segundo emitidas por una antena. (Ver Figura 1.). Ciclos por segundo es abreviado como Hertz (en honor de Heinrich Rudolf Hertz, el físico que

54

descubrió las ondas electromagnéticas en 1888). Kilo Hertz (kHz) son 1000Hz y mega Hertz (MHz) son 1 millón (ver sección sobre bandas radioeléctricas).

La relación entre longitud de onda y frecuencia se expresa matemáticamente en la siguiente ecuación:

**Longitud de onda en metros = 300.000 / frecuencia en KHz.**

La mayoría de los receptores portátiles están diseñados para tener una máxima sensibilidad con la antena telescópica incorporada. Bajo condiciones normales esta antena permitirá una buena recepción. Una pobre recepción puede ser mejorada simplemente con ubicar el receptor cerca de una ventana o una pared externa. Sin embargo; la recepción es esporádicamente buena y si desea la captura de emisoras de "difíciles" será necesaria una antena externa.

*Relación Señal Ruido*

A menudo la idea principal al instalar una antena es incrementar la intensidad de señal. En los hechos, muchas veces la intensidad de la señal puede ser adecuada, el problema real puede ser la interferencia eléctrica local de diversos tipos. La principal ventaja de una antena activa es que esta incrementa la intensidad de señal relativa al ruido al alejar el punto de recepción de la fuente de tales interferencias. La recepción de onda corta "bajo techo" está expuesta a muchas fuentes de ruidos e interferencias: luces fluorescentes, Televisores, hornos microondas, computadoras, termostatos, motores eléctricos, etc. Cuando un receptor y su antena incorporada están encerrados con todas esas fuentes de ruidos, la recepción obviamente va a sufrir. También hay que considerar que los materiales de construcción de la casa o edificio donde vive van a absorber parte de las señales y afectar la recepción, sobre todo en los edificios cuyas estructuras metálicas actuaran como un "escudo" frente a las radioseñales.

*Nomenclatura de Antena*

El funcionamiento y características de instalación de las antenas pueden categorizarse de diversas formas. Las más importantes son directividad e Impedancia.

Directividad: una antena omni-direccional recibirá igualmente bien señales desde cualquier dirección. Una antena direccional deberá ser orientada en el ángulo correcto para recibir la señal deseada.

Impedancia: la oposición total al fluir de la corriente dentro de un circuito se llama impedancia. Toda antena tiene definida un valor de impedancia al punto donde adherimos el cable de bajada al receptor. La máxima transferencia de energía es solo posible cuando la impedancia de la antena se corresponde con la impedancia del cable de bajada; y la impedancia de éste deberá también corresponder con la impedancia de la entrada del receptor - usualmente 75 ohms.

*Vertical/Horizontal*: una antena vertical ocupa menos espacio pero es más susceptible a los ruidos atmosféricos e interferencias eléctricas locales que una horizontal.

*Banda estrecha/banda amplia*: Una antena de banda estrecha está diseñada para captar un rango estrecho de frecuencias.

End-fed (extremo)/ Off-centre-fed (descentrada)/ Centre-fed (central): Este término describe donde es conectado el cable de bajada al receptor en la antena.

*Algunos puntos generales a tener en cuenta sobre la instalación de antenas:*

*Aislamiento:*

El aislamiento de la antena sirve para proteger las señales de radio-frecuencia de modo que no escapen a tierra. Por consiguiente, se necesita un buen aislamiento de RF. Tipos bien conocidos son los aisladores de porcelana vitriada y de pyrex. Si tiene la posibilidad de elegir, seleccione usted un tipo con nervaduras, porque éstas presentan un camino más largo a las fugas, cuando su superficie tiende a hacerse conductora debido a la acumulación de polvo, así como en tiempo húmedo. Si no le es posible elegir, siempre podrá colocar un par de aisladores uno tras otro para obtener el mismo efecto. Los aisladores también pueden ser de fibra de vidrio, teflón, polipropileno y PVC. Se procurará que tengan una superficie lisa, a fin de limitar la acumulación de polvo y suciedad. Si se utiliza un árbol como soporte para un extremo de la antena, instale aisladores para mantenerlo fuera del follaje. Para el caso en que tenga que terminar la antena cerca o en el lugar en que atravesará la pared o el marco de la ventana pueden usarse aisladores espaciadores o manguitos aislantes de entrada. Si no dispone usted de los materiales indicados, use al efecto otros que puede conseguir localmente: aisladores para TV, frascos de vidrio, una funda de bolígrafo o un trozo tubo de plástico, para aislar la perforación.

*Altura:*

Cuanto más alta se instale la antena, tanto mejor será el resultado. Análogamente, cuanto más despejada esté, tanto mejor será la recepción. Trate en encontrar un lugar en que el apantallamiento causado eventualmente por árboles, edificios, etc., quede reducido a un mínimo. Una antena tendida sobre un tejado húmedo no se encontrará más que a una altura relativamente baja por encima de esta "tierra" artificial y el rendimiento será mucho menor del esperado.

*Longitud:*

Una antena de corta longitud es incapaz de captar suficiente señal, pero una antena excesivamente larga mostrará propiedades claramente direccionales, así que el proverbio de «cuanto más mejor» solamente es válido hasta cierto punto. La longitud total de la parte exterior de la antena no deberá exceder de 25 metros. Cuando la distancia a cubrir sea necesariamente mayor, la intercalación de un aislador puede constituir la solución.

*Materiales:*

El hilo de antena ha de poseer una alta resistencia a la tracción para poder aguantar fuertes vientos y también tener buena conductividad eléctrica. En el caso de la onda corta se recomienda el hilo de cobre o cobre estañado de 1 mm. aprox. de diámetro. Este hilo puede ser macizo o trenzado, desnudo o aislado. Si no se dispone de hilo de cobre, puede usarse de aluminio o acero a condición de aumentar su diámetro de modo que presente razonable conductividad. Dentro de casa, la entrada puede ser de cable trenzado y aislado, puesto que es flexible e impide que se rompa o deteriore si roza con eventuales objetos metálicos de la habitación.

*Situación:*

La situación verdadera de la antena es decisiva para la calidad de la recepción, especialmente en presencia de fuentes de interferencia local, tales como líneas aéreas de energía, vehículos, aparatos eléctricos o lámparas fluorescentes. En la mayor parte de los casos, se procurará instalar la antena lo más alta posible, de preferencia a más de metro y medio por encima del borde superior del tejado si el ruido provocado por los vehículos que pasan por la calle puede provocar una interferencia indeseable. Elija también un lugar lo más lejos posible de las fuentes de interferencia y evite tender el cable de antena a corta distancia y en dirección paralela a líneas aéreas de energía o grandes objetos metálicos como canalones. Si dispusiera de un radiorreceptor portátil, éste puede ayudarle a usted a encontrar la mejor posición para la antena. Sintonice diferentes bandas de onda corta y observe los niveles de interferencia en diferentes puntos a lo largo de los cuales se propone instalar la antena. Si teme hallarse ante un verdadero problema de emplazamiento haga uso de las propiedades de los tipos de antena específicos que se citan más adelante.

*La bajada de antena*

Dentro de casa el nivel de interferencia suele ser más alto que afuera; procure pues que el cable de entrada sea lo más corto posible. Se recomienda el uso de hilo de cobre trenzado bajo aislamiento y su conexión a la antena deberá ser de preferencia soldada, después de haber retorcido juntos los extremos de los hilos en una longitud de 2,5 cm. como mínimo. Si carece usted de práctica para soldar, sitúe la conexión dentro de la casa para impedir que se oxide rápidamente, limpiando los hilos bien antes de retorcerlos juntos o use un bloque de conexión o un borne para asegurar la unión mecánicamente. También puede usar un enchufe y clavija del tipo de banana a tal efecto. Por lo general, para pasar la antena adentro se suele usar el marco de la ventana. Este, sin embargo, no es recomendable si se trata de un marco metálico. En tal caso lo más fácil es taladrar un pequeño agujero en la pared, en un lugar adecuado lo más cerca posible del receptor. Si no tiene usted un manguito de entrada adecuado, utilice un trozo de tubo de plástico para forrar interiormente el agujero. Una vez que haya determinado el lugar por donde la antena entrará en la casa procure mantener el cable de entrada lejos de todo cableado doméstico.

*Conexión de la antena al receptor*

Para obtener un buen contacto eléctrico, coloque en el extremo del cable de entrada una clavija apropiada (conector tipo «banana»), que encaje en el enchufe de entrada de la antena del receptor. En algunos casos se puede disponer de diferentes clases de clavijas. Si fuera así, es mejor consultar el manual de su receptor para asegurarse de la clase de clavija que se requiere para la entrada de antena para la AM. Si su receptor no tiene una conexión para antena exterior, suele ser posible colocar una adicional. Un método común es el de conectar la antena a la antena telescópica del receptor por medio de un pequeño condensador o trimmer de 20 o 30 pF (pico-faradios). La más práctica en tal caso es la llamada clavija de cocodrilo. También es posible construir un enchufe normal de antena, que se conecta al arrollamiento primario de la bobina de ferrita por medio de un pequeño condensador del mismo valor que el mencionado anteriormente. Pero la mejor manera sea quizás la de colocar un cable enrollado aislado de 1 metro de longitud alrededor de la antena telescópica. De esta manera se obtiene un acoplamiento inductivo entre las antenas exterior y telescópica, produciéndose una incrementada sensibilidad de esta última. La recepción de la onda corta puede mejorarse si se deja lo más inactiva posible a la antena de ferrita, por ejemplo, girando el receptor hacia un punto insensible o colocándolo simplemente en una posición diferente.

*Adaptación*

Cuando la antena no está adaptada al circuito de entrada de antena del receptor se introducen pérdidas porque la señal resulta reflejada en el enchufe de entrada. Para obtener una transferencia óptima de la señal entre la antena y el receptor, las impedancias de antena y de línea de alimentación deben ser aproximadamente iguales a la impedancia de entrada de antena del receptor. Sin embargo, en la mayoría de los casos la impedancia de entrada del

61

receptor no aparece especificada y hay que encontrar por tanteo la transferencia óptima de la señal. Pese a todo, cierta falta de adaptación es admisible y las impedancias de entrada del receptor no suelen ser muy críticas. No obstante, una adaptación óptima puede constituir una excelente ayuda, como podrá descubrir si procediera a construir una unidad de adaptación como el sintonizador de antena que mencionamos más adelante.

*Fuentes de interferencia en la casa*

La interferencia más importante que se oye en el altavoz entra en el receptor a través de la antena. Hablando en general, la interferencia procede de chispas producidas en los aparatos domésticos tales como aspiradoras, máquinas de coser, secadores de pelo, molinillos de café, etc. Los aparatos domésticos más pesados tales como centrifugadoras y máquinas de lavar suelen estar provistos de supresores de interferencias, y sería práctico dotar de ellos también a las herramientas eléctricas más pequeñas y a los aparatos antes mencionados. Los supresores de interferencias están conectados a los soportes de las escobillas de carbón de las máquinas eléctricas y equipados con condensadores para aminorar el chisporroteo.

La interferencia de las lámparas fluorescentes tubulares puede suprimirse apantallando convenientemente el equipo auxiliar. Si el suministro de red tiene un polo de tierra aparte (tercer hilo), éste debe conectarse a dicho apantallamiento. Otro generador potencial de interferencias es el receptor de televisión. Este está equipado con un circuito de deflexión horizontal que tiende a producir muchos armónicos, los cuales son captados a su vez y radiados por la antena de TV. Como no es tan fácil apantallar un receptor de TV adecuadamente, se recomienda mantener la antena de onda corta lo más lejos posible del mástil de TV si este aparato produce radiación espúrea. Si experimentara usted excesiva interferencia local, apantalle también la bajada de antena para impedir que capte este ruido.

*Interferencia de radiodifusión*

La interferencia mutua entre emisoras de radiodifusión en onda corta se debe a la gran cantidad de transmisores que funcionan en estas bandas. La más irritante de todas es probablemente la «heterodina», una nota pulsante que se genera en el receptor cuando se sintonizan simultáneamente las portadoras de dos emisoras. Las heterodinas pueden suprimirse eficazmente con un llamado «filtro notch», pero la mayor parte de los aparatos domésticos no suelen tenerlo. Con objeto de limitar el efecto de interferencia mutua entre emisoras de radio, los receptores modernos están provistos de una anchura de banda algo más pequeña y algunos incluso tienen una anchura de banda variable a fin de poder adaptar el aparato a las condiciones variables de recepción.

*Apantallamiento*

Puede ser útil o incluso necesario, apantallar parte de la antena contra la captación de interferencias. En vista de que es la entrada la que más suele pasar por campos de interferencia, es posible, llegado el caso, ultimar esta parte de la antena con cable coaxial.

La aplicación de cable coaxial presenta tanto ventajas como inconvenientes. Si la antena se conecta al conductor interior, y a su vez la trenza exterior de cobre se conecta a una toma de tierra adecuada, la entrada no captará ninguna interferencia. La aplicación de cable coaxial permite tender el hilo como queramos, sin soslayar los canalones y cableado doméstico y sin necesidad de montar aisladores espaciadores o manguitos pasamuros. En cambio, una desventaja es que el cable coaxial introduce pérdidas capacitivas. Para aminorarlas es conveniente utilizar un tipo de RF de baja pérdida y buena calidad y restringir la longitud de la entrada coaxial a un mínimo. Si el cable coaxial se aplica para la entrada completa -lo cual no siempre es necesario- es aconsejable curvar el extremo del cable alrededor del aislador terminal de la antena y fijarlo con cinta aislante. A continuación retírese la trenza de cobre en una longitud de 3 cm. aprox. y suéldese el conductor interior a la propia antena. El peso del cable coaxial es soportado así por todo el cable y no por su conductor interior solamente. El cable coaxial puede obtenerse en diferentes calidades y con diferentes impedancias «características». Si necesita usted el tipo de 50 ohmios, por ejemplo, en combinación con una antena de polarización horizontal, foam dielectric RG-58/U es un buen cable. Para una impedancia de 70 ohmios aprox., existe el tipo RG-59/U. Este cable coaxial se suele usar en combinación con una antena dipolo. Si se aplica cable coaxial con una antena normal monofilar, o una de fusta, se recomienda ensayar un tipo de 125 ohmios, como el RG-63/ U. El cable normal apantallado o el cable de micrófono no sirven ya que causaría pérdidas considerables de señal.

*Toma de tierra*

Si se emplea un cable apantallado para la entrada, o fuera conveniente aumentar el rendimiento de la antena por medio de una buena toma de tierra, puede ser que desee añadir un cable de tierra adecuado a su equipo de recepción. Una toma de tierra se suele hacer generalmente introduciendo un tubo de cobre desnudo en el suelo. Quizá sea éste un método rápido, pero no siempre el mejor. Se asegura una buena toma de tierra cuando existe un buen contacto entre el cobre y el suelo y a menudo se obtiene esto mejor si se entierra una tira de cobre de unos 25 o 30 mm. de anchura y de 2,5 a 5 metros de longitud bastante profundamente en el suelo. Conviene que rodee el cobre con un material que resista la humedad, antes de rellenar el agujero. En las instalaciones profesionales, frecuentemente se usa carbón a este efecto. Una capa de unos 3 cm. de espesor es suficiente. Si se la mantiene húmeda, situando el sistema entero debajo del tubo de bajada de aguas o sí se la humedece de vez en cuando, se tendrá una excelente toma de tierra. Para conectarla al receptor utilícese un trozo de hilo grueso de cobre desnudo.

Protección contra los rayos:

Retirar la clavija de antena del receptor es la mejor protección contra los rayos. La protección automática contra el rayo por medio de un pararrayos no siempre es segura porque la unidad puede volverse conductiva tan pronto como la descarga eléctrica en la antena exceda de un valor predeterminado que puede ser tan alto como 70 voltios. La figura muestra la conexión del protector de gas inerte, que es un aislador en condiciones normales.

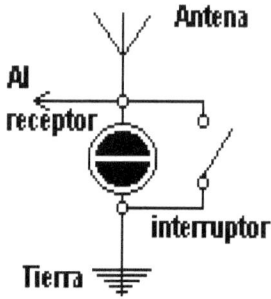

Es esencial una buena toma de tierra si se aplica este pararrayos. En la mayoría de los receptores es posible introducir un simple protector contra sobrecargas, a base de una pequeña lámpara de neón, conectada entre el enchufe de antena y el chasis (tierra) del receptor. Antes de ponerlo en circuito, se retira la resistencia en serie, que se necesita para usar la lámpara de neón como indicador o lámpara de control, pero que no serviría como protector de sobrecargas en un aparato de radio. Los protectores contra sobrecargas que se describen más arriba se pueden obtener en el comercio, ya que se utilizan frecuentemente en los auto-radios. Recientemente han sido puestos a la venta protectores contra sobrecargas, de acción rápida, del tamaño de un botón, para los circuitos transistorizados. Se conectan como la lámpara de neón y proporcionan una mejor protección a los circuitos de antena miniaturas de hoy día. Es evidente que no es posible ninguna protección contra una caída directa o cercana de rayo, cuando los intensos campos eléctricos y magnéticos que acompañan a éste son capaces de deteriorar su equipo por vía inductiva.

Instalación de antenas

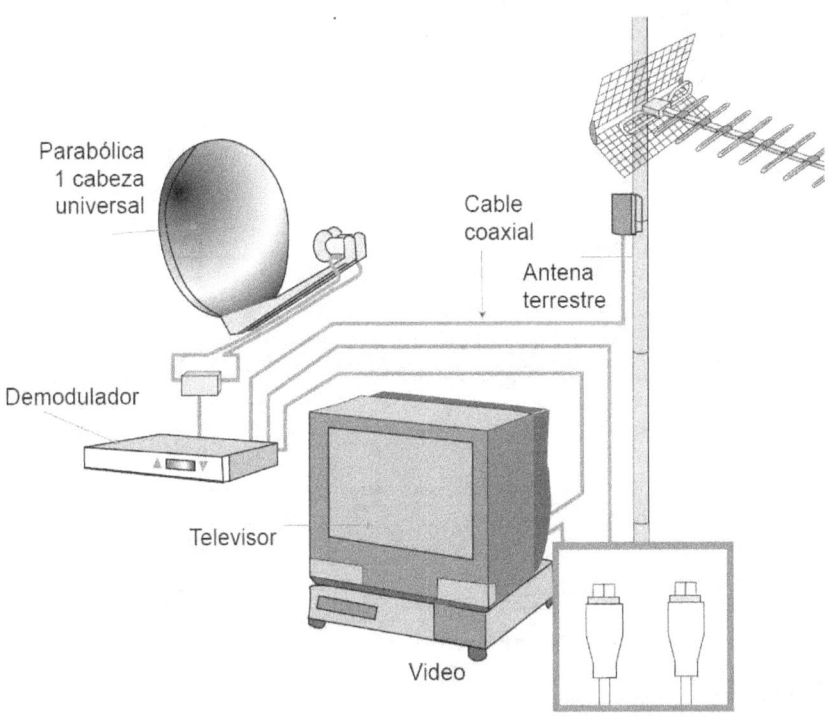

67

# Simbología

## Antenas

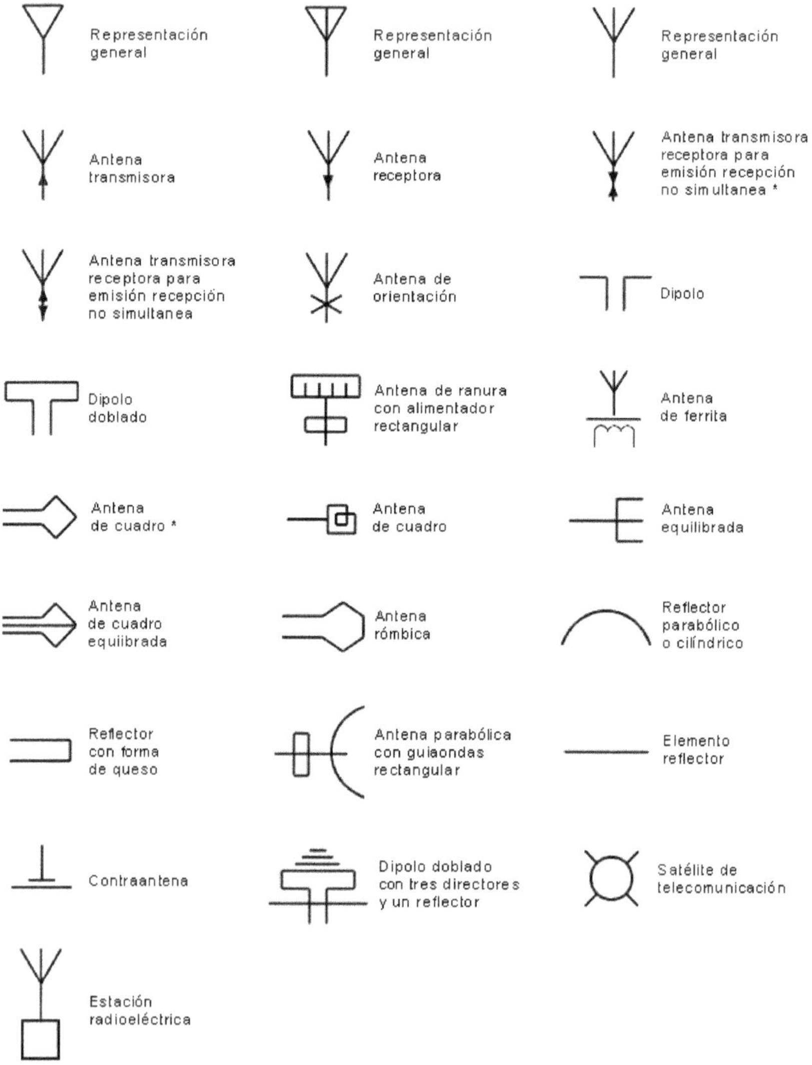

| | | |
|---|---|---|
| Representación general | Representación general | Representación general |
| Antena transmisora | Antena receptora | Antena transmisora receptora para emisión recepción no simultanea * |
| Antena transmisora receptora para emisión recepción no simultanea | Antena de orientación | Dipolo |
| Dipolo doblado | Antena de ranura con alimentador rectangular | Antena de ferrita |
| Antena de cuadro * | Antena de cuadro | Antena equilibrada |
| Antena de cuadro equilibrada | Antena rómbica | Reflector parabólico o cilíndrico |
| Reflector con forma de queso | Antena parabólica con guiaondas rectangular | Elemento reflector |
| Contraantena | Dipolo doblado con tres directores y un reflector | Satélite de telecomunicación |
| Estación radioeléctrica | | |

## Instalaciones de telefonía interior e intercomunicación

### Instalación de líneas telefónicas

Veremos aquí las Instalaciones Telefónicas en Edificios, es decir las canalizaciones para la red telefónica desde la acometida de la compañía que suministra el servicio hasta cada toma. La acometida general puede ser aérea o subterránea, según la constitución de la red telefónica urbana y las características del edificio.

*Acometida Subterránea*

Se accede con tubos de fibrocemento de 10 cm. de sección o bloques de hormigón si se calcula una cantidad elevada de teléfonos a instalar. Las acometidas se realizan por los cimientos o por sótanos a través de aberturas previstas durante la ejecución de la obra. La longitud enterrada desde la entrada del edificio no puede superar los 15 m. La profundidad mínima de esta canalización será de 0,46 m.

*Acometida Aérea*

Se accede por una abertura en el muro exterior con un tubo de diámetro apropiado al cable que deberá alojar, con una ligera inclinación hacia el exterior para impedir la entrada de agua.

El conducto entre la acometida y el registro principal debe ser recto, con armarios de empalme cada 15 cm. o en cada cambio de dirección.

A partir de la acometida desde la fachada del edificio, se dispone una canalización de enlace hasta cada canalización vertical de distribución, la cual se sitúa en la caja de escaleras o en zonas comunes.

*Distribución Horizontal*

La distribución horizontal puede efectuarse de los modos siguientes:

- En **Anillo Distribuidor** para plantas con un corredor común de acceso a varias viviendas, habitaciones u oficinas.

- En **Anillo Perimetral** para naves, salas y oficinas con plantas diáfanas.

- **Ramificada** en zonas privadas subdivididas a partir del anillo distribuidor o de la distribución vertical.

*Cableado telefónico*

Son los cables que se instalan en el tramo de la red de dispersión comprendido entre las cajas terminales y el punto de terminación de red PTR (modernamente llamado DINTEL, Dispositivo Interactivo de Telediagnosis) situado en el interior del domicilio del abonado. Pueden ser:

*-Cable de acometida autosoportada.*

*-Cable de acometida urbana reforzada.*

*-Cable de acometida bimetálica.*

*Cable de acometida autosoportada:*

Formado por dos conductores de cobre electrolito de 0,5 mm. y un hilo fiador de acero galvanizado de 0,7 mm. de diámetro dispuesto paralelamente y aislados con PVC. Se emplea en recorridos sobre fachadas mediante anillas o anillas grapas.

*Cable de acometida urbana reforzada:*

Formada por dos conductores de cobre electrolítico de 0,7 mm. aislados con PVC y protegidos por una malla de alambre de acero galvanizado y cubierta exterior de PVC. Se emplea en canalizaciones subterráneas.

*Cable de acometida bimetálica*

Formado por dos conductores de acero cobreado de 1,02 mm. de diámetro dispuestos paralelamente y aislados en común por una capa de PVC. Se emplea en instalaciones aéreas sobre líneas de postes.

*Instalación de Acometida*

La instalación de acometidas está condicionada al lugar en que se vaya a instalar, a los materiales que se van a emplear y a las normas de instalación. Pueden ser:

-Instalación en fachadas.

-Instalación en líneas de postes.

-Instalación en canalizaciones subterráneas.

*Instalación en fachadas*

En este tipo de instalación se utiliza la acometida urbana autosoportada, que deberá instalarse paralela a los cables de distribución utilizando anillas grapas. Cuando no existan cables de distribución se realizará mediante anillas abiertas. La distancia de las anillas será de 1,5 m. en horizontal y cada 3 m. en vertical. Para cruces entre fachadas se utilizan aisladores de plásticos aislándose el paso con retención a cada extremo.

*Instalación en línea de postes*

Se realizan con acometida bimetálica procurando que la distancia máxima entre postes no exceda de 40 m. Para sujetar la acometida a los postes se utilizan aisladores de plástico.

*Instalaciones en canalizaciones subterráneas*

Se emplea en redes de urbanizaciones. La acometida que se emplea es la urbana reforzada conectándose directamente al PTR en el domicilio del abonado por un extremo y a los armarios de interconexión por el otro.

*Materiales Auxiliares*

Existen una serie de materiales para la instalación de acometidas, que son los siguientes:

*Aisladores de porcelana*

Se emplean en instalaciones de acometidas sobre fachadas y en líneas de postes, sirven para retener (atar) la acometida en la entrada del domicilio del abonado. Pueden ser de dos o cuatro gargantas usándose las primeras como aislador de entrada al domicilio del abonado y las segunda para pasos aéreos de postes. El soporte escuadra engancha el aislador a la pared o al poste.

*Aisladores de plástico*

Utilizados en pasos aéreos de postes y fachadas, su principal ventaja es que no se necesita atar la acometida ya que están diseñados de tal forma, que con sólo pasar el cable de acometida por el aislador se queda retenido.

*Anillas grapas y abiertas*

Las primeras sirven para sujetar la acometida a las grapas de los cables de distribución sin necesidad de realizar ningún agujero en la fachada. Las segundas se emplean en replanteros donde no exista cable de distribución, por lo tanto es necesario realizar un orificio.

*Conexión en cajas terminales*

*Instalación:*

La conexión de la línea de acometida se realizará siempre en una caja terminal exterior o interior.

*Cajas terminales exteriores*

Situadas sobre fachadas o postes, poseen una capacidad de 15 o 25 pares. En la caja hay una numeración que nos indica el grupo de central (parte superior izquierda), los pares que se pueden conectar en dicho grupo (parte superior derecha) y el número de caja (parte inferior).

*Cajas terminales interiores*

Se instalan dentro de los edificios pueden ser de 13 o 25 pares. En los grandes edificios existen cajas de interconexión que permiten unir la red exterior con otras cajas terminales situadas en diferentes plantas.

*Otras Manipulaciones*

*Reasignación*

Consiste en cambiar la asignación de una línea de acometida que está conectada en una caja terminal y pasarla a otra asignación en una caja diferente. Esto es debido a una ampliación de la red.

*Desmultiplicación*

Consiste en que un mismo par perteneciente a un grupo puede estar a la vez en dos o tres cajas terminales diferentes.

*Tipos de PTR*

*PTR individual*

Utilizado de forma individual para líneas regulares. Base múltiple para PTR.

Consta de una base en la que van ubicadas cuatro PTR y dirigidos a Sistemas Multilínea, Centralitas modulares o clientes con un número de líneas contratadas inferior a 10.

Caja multifunción para la ubicación de 13 PTR individuales. Destinado a clientes con más de 10 líneas.

*Punto de Conexión de Red PTR*

*Características generales*

El punto de conexión de red (PTR) es el punto de terminación para las líneas individuales de la red telefónica y el punto de acceso para las instalaciones del usuario. El PTR es el elemento físico que marca la frontera entre la línea telefónica y la red interior propiedad del usuario.

*Compartimiento Central*

Es el elemento del PTR donde se efectúa la instalación de la red interior privada, por el propio usuario o por un instalador.

*Normas de Instalación*

El PCR se instalará en la pared lo más cerca posible al aparato principal, evitando paredes húmedas.

*Conexiones*

Línea telefónica Terminales a y b

Aparato principal Terminales L 1 P y L 2 P

Red interior privada Terminales L 1 S y L 2 S

Puntos de conexión de red con Telediagnosis individual (PTR - T/L>

*Descripción*

El PTR es el punto de terminación de la línea de la red telefónica y el punto de acceso para las instalaciones interiores privadas. El PCR -T es un elemento físico que marca la frontera entre la línea telefónica (red pública) y la red interior (red privada) propiedad del usuario.

*Conexión red privada*

Se compone de una regleta con dos alojamientos de dos conductores cada uno, con accionamiento por presión base Múltiple para PTR.

*Descripción*

Destinado para abonados que contraten un número de líneas comprendido entre 3 y 10. El objetivo de la base es de agrupar de una forma ordenada los PTR individuales.

*Conexión red privada*

Destinado para la conexión de la continuidad de la red hasta el punto que lo requiere el abonado (Unidad Central - Roseta de conexión de los terminales).

*Línea Interior*

Es la parte de la línea de abonado que une el PTR con el conector del teléfono o roseta universal.

*Hilo interior*

Constituido por dos conductores de cobre electrolítico recocido de 0,5 mm. de diámetro, sin estañar y dispuestos paralelamente. Tiene cubierta de PVC.

*Normas de instalación.*

*El orden de actuación para la instalación es el siguiente:*
- La distancia entre grapas será de 50 cm. exceptuando la primera y la última que se pondrán a 10 cm. del aparato. Distancias para madera 70 cm. y en yeso blando 30 cm.

- Cuando se tiendan dos cables a la vez se procurará que vaya uno sobre otro grapado individualmente cada uno.

- La terminación del hilo en los aparatos o roseta, tendrá una reserva de hilo para futuras manipulaciones.

- Cuando existen en la instalación cables eléctricos existirá una distancia de seguridad de 10 cm. entre el cable telefónico y el eléctrico.

*Herramientas y materiales auxiliares:*

Grapadora automática.

Grapadora normal de trabajo que permite una mejor rapidez en la instalación.

*Grapadora manual*

Se emplea en lugares no accesibles. Su inconveniente es la lentitud del proceso.

*Pistola termofusible*

Se utiliza cuando no se puede utilizar la grapadora. Tiene una resistencia para fundir el pegamento.

*Roseta*

Es el elemento donde se conectan los aparatos telefónicos en el domicilio del abonado. Hay dos tipos, superficial y empotrada, poseen terminales para cuatro hilos dos de voz, tierra y conexión con inhibición de marcación

**Instalar el teléfono**

Este es el caso de la instalación del cableado de la línea telefónica dentro de casa. Bien porque se quiere disponer de otra línea telefónica en el hogar o porque ésta se quiere poner por primera vez, es necesario ponerse en contacto con la compañía telefónica que se desee para que den de alta una línea. La empresa acudirá a casa y una vez que haya llevado el Punto de Terminación de

Red (PTR) hasta el interior del hogar, la labor del instalador puede llegar a su fin con el ahorro así de un mínimo de 30 euros. Una vez que se tiene el PTR colocado en cualquier estancia de la casa, el siguiente paso es hacerse con cable telefónico y una caja telefónica. La cantidad en metros a adquirir de cable deberá ser igual a la medición que se ha de realizar desde donde se encuentra situado al PTR hasta donde se quiera instalar la caja de teléfono (siempre es recomendable tener a disposición algún metro más para cubrir cualquier imprevisto). El siguiente paso consiste en pelar el cable del teléfono en sus dos extremos y diferenciar también lo que es la línea 1 y la línea 2. Una vez que se tengan los cables pelados se procede a conectar uno de los extremos con el propio PTR. Para llevarlo a cabo hay que levantar la pestaña frontal del PTR y allí se observará la presencia de dos especies de botones, en uno se indica L1 y en otro L2. Pues bien a la vez que se está pulsando con un destornillador plano sobre uno de los dos botones se introduce desde la parte inferior del PTR uno de los dos cables pelados. Cuando éste cable haya llegado hasta su tope se deja de pulsar el botón correspondiente y se repite la misma operación con el otro cable y la línea 2. De esta manera ya se tiene conectado un extremo, ahora hay que realizar la conexión con la caja telefónica. Pues muy sencillo, se abre la caja y se aflojan los tornillos donde pone L1 y L2. Alrededor de cada uno se enroscan los cables pelados correspondientes a cada línea y se vuelven a atornillar, asegurándose de que hagan contacto. Posteriormente se comprueba que efectivamente el teléfono da línea y se pueden realizar llamadas. Si es así, se fija el cable a lo largo de todo el recorrido que se haya tenido que realizar, utilizando para ello las fijaciones propias para cables de esta anchura. Con un simple martillo se realiza esta labor procurando colocar cada fijación a una distancia de unos 20-25 centímetros. En el caso de que la verificación la línea fuera negativa se modifica en el PTR la entrada de los cables, es decir el que estaba en la línea 1 se cambia a la 2 y viceversa. Se realiza de nuevo la comprobación. Por último se fija la caja telefónica a la pared con unos tornillos y procurando instalarla en algún lugar que no quede a la vista pero que a su vez esté cerca del propio teléfono. A partir de ese momento se estará ya en condiciones de recibir y realizar llamadas con la satisfacción ya no sólo del trabajo desempeñado sino también del ahorro económico que se ha realizado con dicha tarea.

Rojo      > Línea 1

Verde

Amarillo > Línea 2

Negro

PTR          Cable telefónico (2 pares)

*Intercomunicadores*

Detalles de funcionalidad: Es un sistema de intercomunicación que permite comunicaciones instantáneas entre uno o dos puestos principales (Consolas de Comando) y sus correspondientes puestos remotos. Su principal ventaja radica en una sencillez de operación, ya que en la comunicación desde el

79

puesto remoto hacia la Consola se efectúa a manos libres siendo la/s Consola/s quien/ es comanda/n la operación. Su capacidad de remotas a controlar puede llegar a la cantidad de ellas que se necesite. Las consolas de Comando tienen un completo sistema de señalización que permite individualizar en todo momento la procedencia del llamado, y por medio de LEDs de dos colores se diferencia el estado de atención de la comunicación en curso a las que están en espera de ser atendidas. También posee un sistema acústico complementario de la señal.

Central de Intercomunicación con teléfono

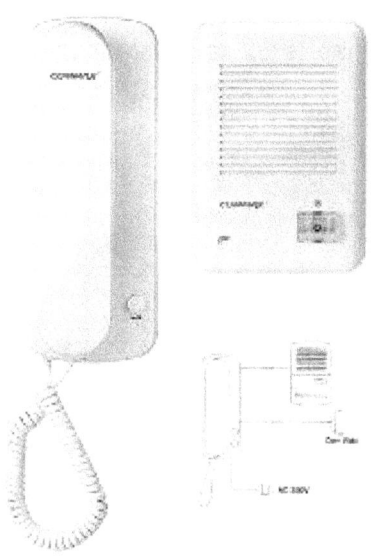

# AUTOEVALUACIÓN

Instalaciones de electrificación de viviendas y edificios: Instalaciones eléctricas de baja tensión: Definición y clasificación. Acometida, caja general de protección, línea repartidora. Contador de energía eléctrica, centralizaciones. Derivación individual. Instalaciones de interior de viviendas. Instalaciones de megafonía. Instalaciones de antenas. Instalaciones de telefonía interior e intercomunicación.

---

**1. ¿Para qué no sirve la corriente alterna?**
a) Para viviendas
b) Para electrólisis
c) Para cargar acumuladores
d) Para iluminación
e) b y c son correctas

**2. Para generar la corriente alterna alcanza con mover una espira dentro de:**
a) Un campo Minado
b) Un campo cultivado
c) Un campo magnético
d) Un motor
e) Ninguna es correcta

**3. ¿Cuál de las siguientes es una propiedad de los circuitos de corriente alterna?**
a) Impedancia
b) Reactancia
c) Concordancia
d) Capacitancia
e) Conexión

**4. ¿Cuáles son los dos factores que conforman los efectos de la energía eléctrica?**
a) Cables y cajas

b) Impedancia y reactancia
c) Luz y calor
d) Tensión y corriente
e) Todas son correctas

**5. Los componentes de una instalación son: Señalar el correcto:**
a) Equipo de trabajo
b) Líneas o circuitos
c) Herramientas
d) Elementos de protección
e) Ninguna es correcta

**6. Qué define el siguiente enunciado: Son dispositivos que permiten establecer, conducir e interrumpir la corriente para la cual han sido diseñados:**
a) Elementos de protección
b) Elementos de interacción
c) Elementos de fricción
d) Elementos de interrupción
e) Ninguna es correcta

**7. ¿Qué fallas pueden detectar los elementos de protección?**
a) Sobrecargas
b) Cortocircuitos
c) Corriente de falla a tierra
d) Ninguna es correcta
e) a, b y c son correctas

**8. ¿Qué es la acometida eléctrica en una vivienda?**
a) El punto de toma de la energía eléctrica de la red de distribución
b) El punto de toma de la energía solar de la red de distribución
c) El punto de toma de la carga eléctrica de la red de distribución
d) El punto de toma de la energía eléctrica de la red de iluminación
e) El punto de toma del generador eléctrico de la red de distribución

**9. Cuáles de las siguientes corresponden a tipos de acometidas:**
   a) Acuáticas y gaseosas
   b) Verticales y Horizontales
   c) Lineales y Circulares
   d) Proyectivas y asimétricas
   e) Aéreas y Subterráneas

**10. La caja general de protección marca el principio de la propiedad de las instalaciones eléctricas:**
   a) De la compañía
   b) De la fachada
   c) De la vivienda
   d) Del abonado
   e) Todas son correctas

**11. Las líneas repartidoras del cuadro general de distribución son:**
   a) Derivaciones prolongadas
   b) Derivaciones individuales
   c) Derivaciones consecutivas
   d) Derivaciones lineales
   e) Derivaciones colectivas

**12. ¿Qué función es la del contador eléctrico en una acometida de abonado?**
   a) Mide y registra la corriente de agua
   b) Protege y limita la corriente eléctrica
   c) Regula y comanda la corriente eléctrica
   d) Enciende y apaga la corriente eléctrica
   e) Mide y registra la corriente eléctrica

**13. Señalar cual es un tipo de contador eléctrico:**
   a) Contadores Monofásicos
   b) Contadores de Neutro
   c) Contadores trifásicos
   d) Contadores con tierra
   e) A y c son correctos

**14. Qué define este enunciado: Son equipos de impulsos (de contadores de energía) con 24 / 50 entradas (opto acopladas) para la lectura de dicha energía.**
   a)  Controladores
   b)  Centralizadores
   c)  Catalizadores
   d)  Todas son correctas
   e)  Ninguna es correcta

**15. ¿Para instalaciones de interior de viviendas, qué medidas de cables se debe usar en alumbrado?**
   a)  1 mm.
   b)  2 mm.
   c)  1,5 mm.
   d)  2,5 mm.
   e)  3 mm.

**16. ¿Qué colores serán los cables de fases para instalaciones monofásicas?**
   a)  Azul o rojo
   b)  Verde o rosa
   c)  Blanco o azul
   d)  Negro o marrón
   e)  Gris o marrón

**17. ¿Qué colores no serán los cables de fases para instalaciones trifásicas?**
   a)  Negro
   b)  Marrón
   c)  Gris
   d)  Azul
   e)  a, b y c son correctas

**18. ¿Qué color debe ser el cable de Neutro para instalaciones eléctricas?**
   a)  Amarillo refulgente
   b)  Rojo fucsia
   c)  Rojo bermellón
   d)  Azul claro
   e)  Negro azabache

**19. ¿Hasta que carga de amperaje se puede utilizar el fusible tipo tapón?**

   a)   25 A
   b)   15 A
   c)   30 A
   d)   10 A
   e)    5 A

**20. Para asegurar una calidad aceptable del mensaje reproducido, en megafonía es recomendable trabajar en una banda de frecuencia entre:**

   a)   10Hz y 10KHz
   b)   1000Hz y 100KHz
   c)   100Hz y 100KHz
   d)   100Hz y 10KHz
   e)   10000Hz y 10KHz

**21. Responder la respuesta que corresponde. En megafonía, la potencia de los altavoces conectados a la salida debe ser igual a la potencia entregada por:**

   a)   Los parlantes
   b)   El megáfono
   c)   El amplificador
   d)   La frecuencia
   e)   Ninguna es correcta

**22. En megafonía, para obtener la impedancia resultante de los altavoces conectados en serie se debe:**

   a)   Restar las impedancias instaladas
   b)   Sumar las impedancias instaladas
   c)   Dividir las impedancias instaladas
   d)   Multiplicar las impedancias instaladas
   e)   Fraccionar las impedancias instaladas

**23. ¿Cuál de los siguientes tienen relación directa con la antena?**

   a)   Intensidad y resistencia
   b)   Frecuencia y longitud de onda
   c)   Frecuencia e intensidad
   d)   Corriente y longitud de onda

e) Onda y sinusoide

**24. A qué elemento se refiere la siguiente definición: Es un elemento físico que marca la frontera entre la línea telefónica (red pública) y la red interior (red privada) propiedad del usuario:**
   a) PC
   b) PLS
   c) PTR
   d) PPP
   e) PRR

**25. ¿Cuántos pares pueden tener las cajas terminales interiores?**
   a) de 50 o 100 pares
   b) de 2 o 6 pares
   c) de 1000 o 5000 pares
   d) de 15 o 25 pares
   e) Ninguna es correcta

# SOLUCIONARIO

1. e) b y c son correctas
2. c) Un campo magnético
3. d) Capacitancia
4. d) Tensión y corriente
5. d) Líneas o circuitos
6. d) Elementos de interrupción
7. e) a, b y c son correctas
8. a) El punto de toma de la energía eléctrica de la red de distribución
9. e) Aéreas y Subterráneas
10. d) Del abonado
11. b) Derivaciones individuales
12. e) Mide y registra la corriente eléctrica
13. e) a y c son correctos
14. b) Centralizadores
15. c) 1,5 mm.
16. d) Negro o marrón
17. d) Azul
18. d) Azul claro
19. d) 10 A
20. d) 100Hz y 10KHz
21. c) El amplificador
22. b) Sumar las impedancias instaladas
23. b) Frecuencia y longitud de onda
24. c) PTR
25. d) De 15 o 25 pares

Automatismo y cuadros eléctricos: Cuadros eléctricos. Esquemas de potencia y mando. Mando y regulación de motores eléctricos: Maniobras. Inversión de giro en motores. Arranque de un motor en conexión estrella-triángulo. Autómata programable: Campos de aplicación.

# Automatismo y cuadros eléctricos: Cuadros eléctricos

## Concepto de automatismo

El concepto básico de automatismo se entiende como la incorporación de elementos a los circuitos con el objeto de provocar determinados efectos sin la intervención obligada de la mano del hombre.

### *Tipos de automatismos*

Según su naturaleza:

- Mecánicos: ruedas dentadas, poleas, levas, cremalleras, poleas.
- Neumáticos: cilindros, válvulas.
- Hidráulicos: cilindros, válvulas.
- Eléctricos: contactores.
- Electrónicos: procesadores.

*Según el sistema de control*

- Lazo abierto: La salida no influye en la entrada.
- Lazo cerrado: La salida repercute en la entrada.

*Según el tipo de información*

1. Analógicos (Regulación Automática).
2. Digitales: Cableado (Automatismos). Programado (Automatización).

# Características de los automatismos

| CRITERIO | ELÉCTRICO | NEUMÁTICO | HIDRÁULICO |
|---|---|---|---|
| Fuerza lineal | Mal rendimiento | Máx. 4000kp | Grandes fuerzas |
| Fuerza rotativa | Bajo par en reposo | Alto par en reposo, sin consumo | Alto par en reposo, con alto consumo |
| Movimiento lineal | Complicado y caro | Fácil generación. Difícil regulación | Fácil generación. Buena regulación |
| Movimiento rotativo | Buen rendimiento | Mal rendimiento | Buen rendimiento. Bajas revoluciones |
| Regulabilidad | Grandes limitaciones | Fácil regulación fuerza y velocidad | Fácil regulación incluso a velocidad lenta |
| Acumulación y transporte de energía | Muy fácil transporte Difícil acumulación | Fácil transporte Acumulación limitada | Muy limitado transporte y acumulación |
| Influencias ambientales | Insensible temperatura Peligro en ambientes explosivos | Insensible temperatura No peligro ambientes explosivos | Sensible temperatura Posibles fugas |
| Coste | Bajo coste energético | Alto coste energético | Alto coste energético |
| Manejo | Por personal técnico | Personal no cualificado | Personal técnico por las altas presiones |
| Sobrecargas | No admite sobrecarga | Admite sobrecargas | Admite sobrecargas |

# Según el sistema de control

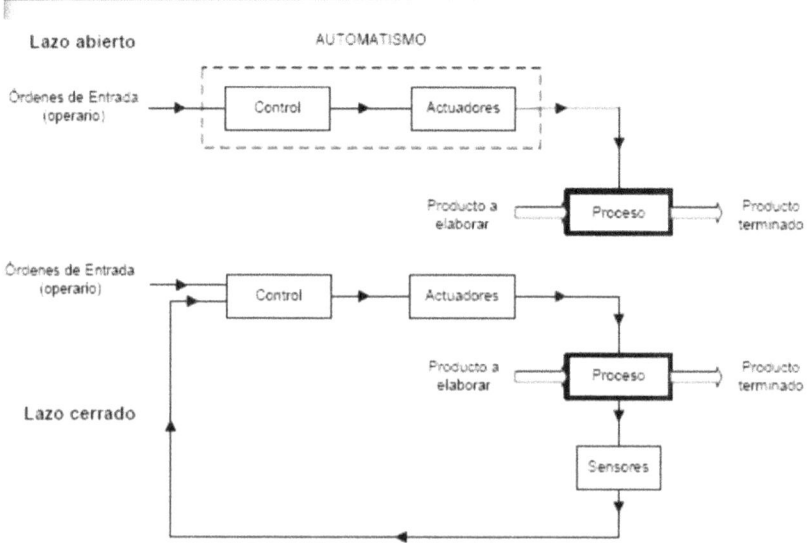

92

La norma Europea EN 60617 aprobada por la CENELEC (Comité Europeo de Normalización Electrotécnica) y la norma Española armonizada con la anterior (UNE EN 60617), así como la norma internacional de base para las dos anteriores (IEC 60617 o CEI 617:1996), definen los SÍMBOLOS gráficos para esquemas (todas ellas editadas en Inglés y Español). La parte 2 de la norma EN 60617 define los símbolos generales a utilizar para especificar detalles concretos, para complementar otros símbolos de la norma o para identificar con mayor precisión la finalidad o función de los mismos. Los elementos necesarios mediante los cuales se puede obtener los efectos deseados sin la intervención de la mano del hombre se denominan sensores o actuadores. Dependiendo de la variación de la magnitud que controlen podemos tener el siguiente listado básico:

**Circuito de Mando:**

Representa el circuito auxiliar de control.

*Lo integran los siguientes elementos:*

- Contactos auxiliares de mando y protección
- Circuitos y componentes de regulación y control
- Dispositivos de señalización
- Equipos de medida

*Los componentes que encontramos en el circuito de mando son:*

- Pulsadores
- Interruptores

- Conmutadores

- Detectores de posición

- Detectores de proximidad

- Detectores fotoeléctricos

- Contactores y relés

**Componentes:**

**Pulsador:**

Elemento electromecánico de conexión y desconexión. Para activarlo hay que actuar sobre él, pero al eliminar la actuación, el pulsador se desactiva por sí mismo.

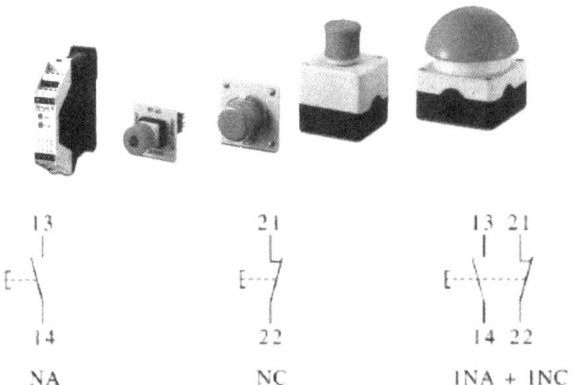

**Interruptor:**

Elemento electromecánico de conexión y desconexión al que hay que accionar para activarlo y también para desactivarlo. Su nombre atendiendo a las normas es "pulsador con enclavamiento".

$$13 \quad 21$$
$$\text{(}\text{-}\sqrt{} \text{------} \text{/} \quad 1NA + 1NC$$
$$1\text{-} \quad 22$$

**Conmutador:**

Elemento electromecánico de conexión y desconexión, que tiene una posición de reposo y varias de accionamiento, pudiendo comportarse estas como interruptor o como pulsador.

**Detectores de posición:**

También llamados **finales de carrera**, son dispositivos electromecánicos de conmutación.

Similares eléctricamente a los pulsadores, no son accionados manualmente por el operario, sino que lo hacen determinados elementos de las máquinas que controlan.

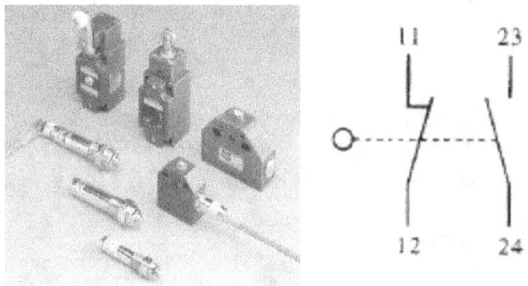

## Los detectores de proximidad:

Los detectores de proximidad son interruptores **estáticos** (semiconductor) que realizan la conexión o desconexión de una carga (normalmente un contactor) por proximidad de ciertos materiales.

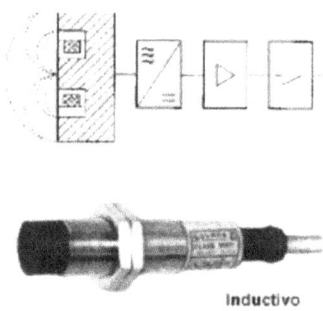

Inductivo

## Detectores fotoeléctricos:

Los detectores de proximidad necesitan que el objeto a detectar se encuentre relativamente próximo.

Los detectores fotoeléctricos o fotocélulas, pueden detectar objetos de cualquier índole y a grandes distancias. Pueden ser:

*Según su disposición:*

- De barrera
- De reflexión
- De proximidad

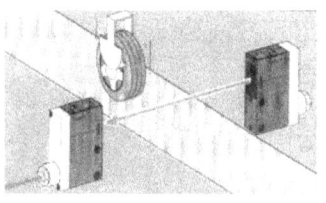

*Según su funcionamiento:*

- Función "luz"
- Función "sombra"

**Contactor:**

Elemento mecánico de conexión con una sola posición de reposo y accionado generalmente mediante electroimán. Debe ser capaz de establecer, soportar e interrumpir la corriente la corriente que circula por el circuito en condiciones normales de funcionamiento. Debe soportar las condiciones de sobrecarga de servicio (arranque de motores), pero no otras (cortocircuitos).

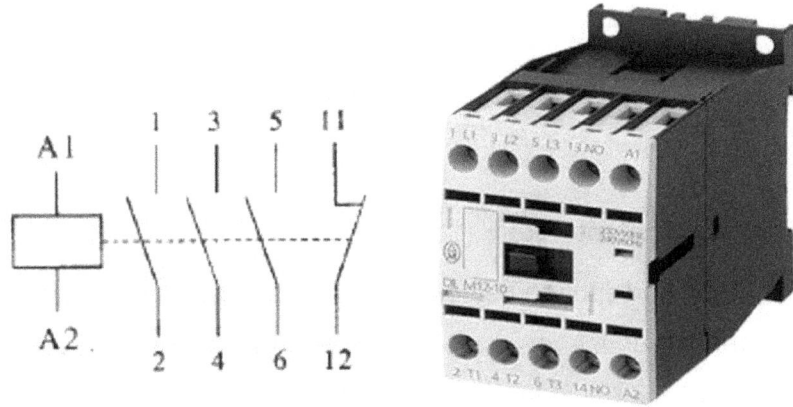

**Partes de un contactor:**

**Electroimán**: elemento motor del contactor

Circuito magnético: parte móvil + fija.

Bobina: diferente configuración para C.C. y para C.A. (anillo de desfase).

**Polos**: elementos encargados de establecer e interrumpir la corriente del circuito de potencia.

Según su número pueden ser bipolar, tripolar o tetrapolar.

**Contactos auxiliares**: se utilizan en el circuito de mando y para señalización.-Instantáneos: NC, NA o una combinación de ambos. -Temporizados.

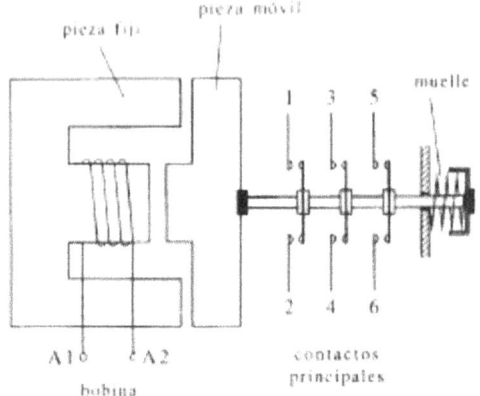

**Tipos de Contactores:**

**Principales**: disponen de contactos de potencia (polos). A veces incluyen algunos contactos auxiliares. En ocasiones, se les pueden acoplar bloques de contactos auxiliares.

**Auxiliares**: solo disponen de contactos de pequeña potencia, utilizados en los circuitos de mando y señalización.

**Relés**: no tienen contactos de potencia.

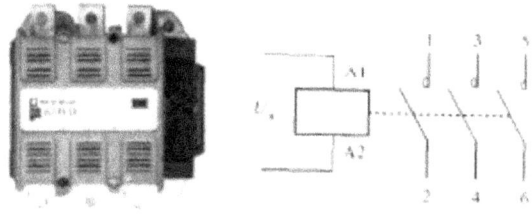

Principales

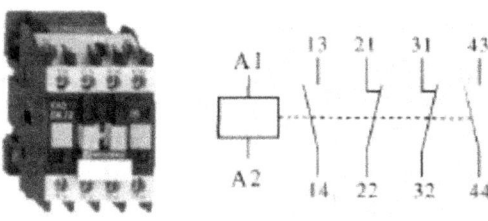

Auxiliares

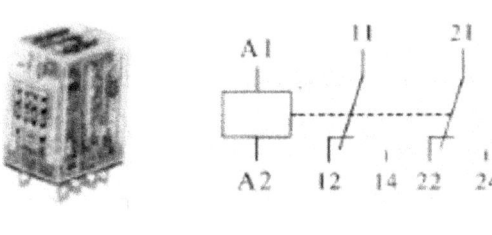

Relés

## Bloques de contactores:

Puede aumentarse el número de contactos auxiliares de un contactor, mediante el acoplamiento de **bloques de contactos auxiliares**. Sus contactos cambian simultáneamente con los del propio contactor.

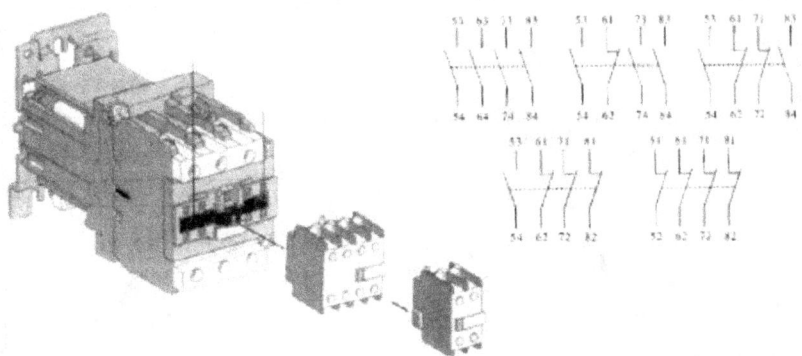

**Relé temporizado (con retardo)**

Los contactos asociados se abren o se cierran un tiempo después del cambio de estado de su órgano de mando.

*Retardo a la conexión (al trabajo)*

Activación: Los contactos basculan después del tiempo regulado.

Desactivación: Los contactos vuelven instantáneamente a posición de reposo.

*Retardo a la desconexión (al reposo)*

Activación: los contactos basculan instantáneamente.

Desactivación: Los contactos vuelven a la posición de reposo tras el tiempo regulado.

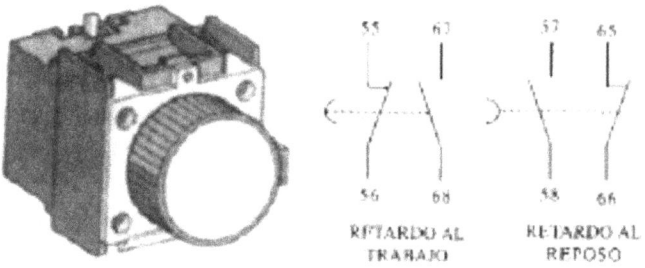

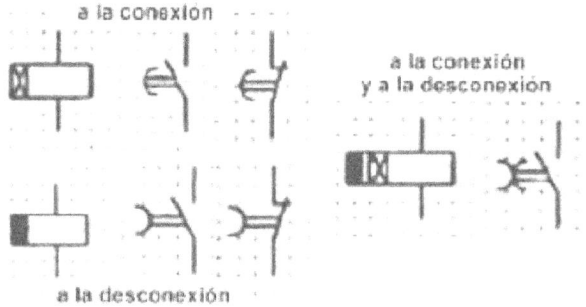

Existen otros tipos de relés más específicos, con distintas variedades de funciones y aplicaciones.

**Señalización:**

Objetivo: Conocer el estado de la máquina (automatismo) y facilitar las tareas de mantenimiento.

- Señalización óptica

- Receptores

- Situación de parada

- Situación de marcha, sentido

- Situación de mal funcionamiento. Ej.: Parada por sobreintensidad en un motor

- Red general de alimentación. Una lámpara por fase antes del interruptor general

- Voltímetro: uno solo + conmutador entre fases

- Amperímetro: para I>5A se utilizan transformadores

- Señalización óptica y acústica. Se suele añadir una sola bocina para indicar cualquier situación de mal funcionamiento

- Se suele disponer de un pulsador de "enterado", que apaga la acústica, pero mantiene la óptica

**Características:**

- La alimentación debe ser distinta a la del circuito de mando

- Se debe prever un circuito de prueba de lámparas

- Se debe evitar poner lámparas en paralelo con las bobinas de los contactores para indicar su activación
- En la activación/desactivación de la bobina se genera un pico de tensión que provoca que la lámpara se funda rápidamente
- Cualquier problema asociado a la lámpara, podría afectar al circuito de mando

**Colores Normalizados:**

Pulsadores luminosos:

- **Rojo** (no se recomienda): Indicará situación de PARO o fuera de tensión
- **Verde**: Situación de MARCHA.
- **Amarillo**: ATENCIÓN. Puede utilizarse para evitar condiciones peligrosas. Ej.: Exceso de temperatura
- **Blanco**: CONFIRMACIÓN. Situación de marcha especial. Ej.: Funcionamiento fuera del ciclo de trabajo
- **Azul**: Cualquier función no prevista en las anteriores lámparas
- **Rojo**: PELIGRO. ALARMA. Cualquier situación de mal funcionamiento y/o que requiera atención inmediata.
- **Verde**: Funcionamiento correcto. Máquina bajo tensión
- **Amarillo**: ATENCIÓN. PRECAUCIÓN. Cambio inmediato de condiciones en un ciclo automático.
- **Blanco** o **Azul**: Otros usos no especificados

# Cuadros eléctricos: Reglamentación

El cuadro eléctrico de los grupos electrobombas se considera Instalaciones de Baja Tensión, por lo que se regulan mediante el Reglamento Electrotécnico de Baja Tensión, aprobado mediante el RD 842/2002, del 2 de agosto. En este Real Decreto 842/2002 se aprueba conjuntamente, el reglamento Electrotécnico de Baja Tensión, así como las instrucciones técnicas complementarias de la ITC-BT-01 a la ITC-BT-51. Si nos centramos en los primeros artículos del Reglamento Electrotécnico de Baja Tensión, podemos comprobar que tiene por objeto establecer las condiciones técnicas y garantías que han de reunir las instalaciones conectadas a una fuente de suministro de baja tensión, con el fin de:

1. Preservar la seguridad de las personas y los bienes.

2. Asegurar el normal funcionamiento de la instalación y prevenir perturbaciones.

3. Contribuir a la fiabilidad técnica y eficacia económica de las instalaciones.

Precisamente estos son los objetivos que nos estamos marcando a lo largo de esta ponencia. El cuadro eléctrico ha de estar distribuido de una forma accesible y ordenada, que facilite su interpretación y manipulación, no de los elementos (nivel de usuario) sino la sustitución o modificación del cuadro. Aun cuando no se prevea ampliaciones de los elementos instalados, es conveniente sobredimensionar el cuadro, ya que en un futuro es posible que necesitemos espacio para incluir nuevos elementos.

## Conveniencia de los circuitos de mando

Debemos de destacar la conveniencia de los **circuitos de mando**. Cuando se presente alimentar un elemento o sistema eléctrico permitiendo cierto grado de maniobra (no limitada únicamente a la apertura o cierre), es conveniente separar el esquema eléctrico en dos: uno principal o de potencia y otro secundario o de mando (y señalización). El circuito principal será el encargado de transmitir la potencia al elemento accionado. Constará de tres o cuatro hilos o conductores en el caso de alimentación trifásica o de dos hilos en caso de alimentación monofásica o de corriente continua y a los niveles adecuados de tensión (220 V o superior). Estos conductores deberán soportar el paso de la corriente para el que las máquinas estén diseñados. El circuito de mando será el encargado de realizar las funciones de temporización, autorretención, enclavamiento, etc., que nos permita un mayor control del proceso o dispositivo. Consta de dos hilos porque se trabaja generalmente con tensión alterna monofásica de 220 V o menor. Los elementos que forman parte del circuito de mando no maniobran con elevadas potencias y por tanto no se les exigen las mismas condiciones que los elementos del circuito de potencia (son más baratos). De todos modos, al separar el circuito en dos, se consigue:

·Una simplificación en los esquemas, pues se trabajan con dos esquemas diferentes más sencillos.

·Una ahorro en cableado, pues el mando se encarga a un circuito monofásico en vez de trifásico (el más usual en electrobombas).

·Un ahorro en los elementos, pues a los elementos del circuito de mando no se les exige las mismas características que a los de potencia.

Si el elemento a alimentar es de escasa potencia y la maniobra que se pretende realizar es simple, no suele haber esta separación, como ocurre en pequeñas bombas domésticas.


**Necesidad de los elementos de protección**

Además de las acciones de maniobra en las que puede englobarse en lo que se denominaría la operación normal de la instalación, existen otras acciones que son necesarias para proteger los elementos de la instalación o para proteger a las personas. De estas acciones se encargan los elementos de protección. Dentro del primer grupo, las destinadas a la protección de los elementos, se encuentran todos los dispositivos encargados de detectar condiciones anormales de funcionamiento y de realizar las acciones oportunas para evitar las consecuencias dañinas de ese mal funcionamiento, generalmente interrumpiendo la alimentación del elemento en situación anormal. Esta acción de interrupción a veces es instantánea tras la detección de la situación y otras veces permite cierto retardo en función de la gravedad de la situación. Los principales elementos dentro de este grupo son los relés térmicos o magnetotérmicos y los fusibles, que se encargan de detectar (los relés) o de detectar y despejas (los fusibles) las sobrecargas y cortocircuitos. Existen otros muchos relés que detectan, por ejemplo, la apertura de un conductor en la alimentación de motores, fallos en los circuitos de excitación de máquinas síncronas, funcionamiento como motor de alternadores, etc. En este sentido conviene introducir el concepto de condiciones nominales. Son aquellas por encima de las cuales el equipo no está garantizado que funcione perfectamente durante el periodo de vida del mismo. Si se trabaja por encima de la tensión nominal, es posible que los aislamientos no soporten esta tensión y se produzcan descargas y contorneamientos. También puede dar lugar a corrientes mayores de las esperadas. Si se trabaja por encima de la intensidad nominal, las pérdidas por efecto Joule son demasiado elevadas y es posible que el sistema de refrigeración del equipo no permita disipar el calor, con lo que la temperatura sube excesivamente y puede dañar el aislamiento. Por otro lado, un par por encima del nominal en una máquina rotativa puede producir una fatiga excesiva del material o directamente ocasionar la rotura del eje. Dentro del segundo grupo, los que se refiere a la protección de las personas, el principal es el relé diferencial, que detecta fugas de corriente.

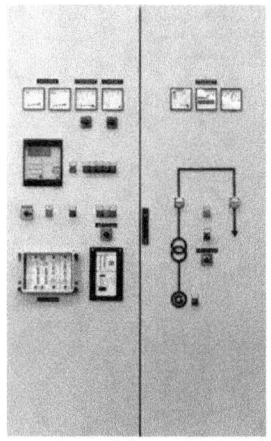 

Izq.: Vista de frente (Señalización y controles).
Der.: Vista interior de cuadro (Elementos de comando)

## Esquemas de potencia y mando

Los circuitos de mando y control del automatismo eléctrico se representan mediante esquemas Normalizados.

### Circuito de potencia:

Es el encargado de alimentar al receptor (Ej.: motor, calefacción, electrofreno, iluminación, etc.). Está compuesto por el contactor (identificado con la letra K), elementos de protección (identificados con la letra F como pueden ser los fusibles F1, relé térmico F2, relés magnetotérmicos, etc.) y un interruptor trifásico general (Q). Dicho circuito estará dimensionado a la tensión e intensidad que necesita el motor.

En la figura se muestra el circuito de potencia del arranque directo de un motor trifásico.

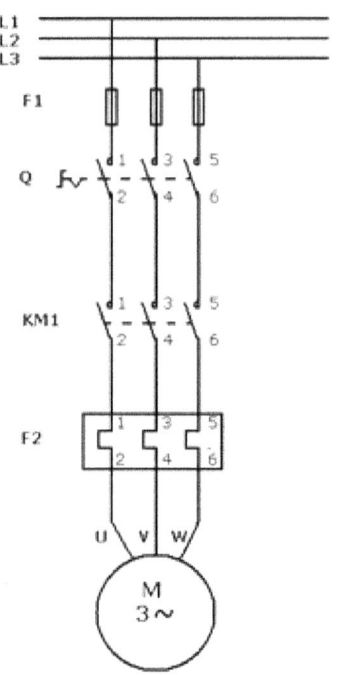

**Circuito de mando:**

Es el encargado de controlar el funcionamiento del contactor. Normalmente consta de elementos de mando (pulsadores, interruptores, etc. identificados con la primera letra con una S), elementos de protección, bobinas de contactores, temporizadores y contactos auxiliares. Este circuito está separado eléctricamente del circuito de potencia, es decir, que ambos circuitos pueden trabajar a tensiones diferentes, por ejemplo, el de potencia a 380 V de C.A. y el de mando a 24 V de C.C. Como ejemplo adjuntaremos una serie de esquemas de mando:

108

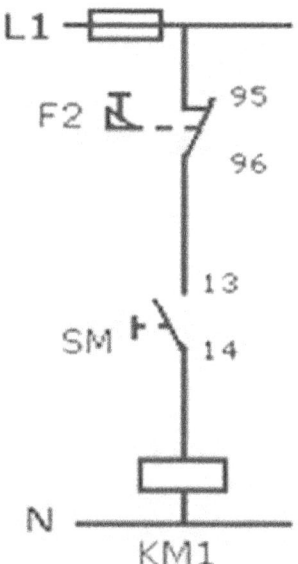

Marcha de KM1 por impulsos a través de SM. En caso de detectar sobreintensidad, F2 desconectará KM1 hasta que sea rearmado el relé térmico.

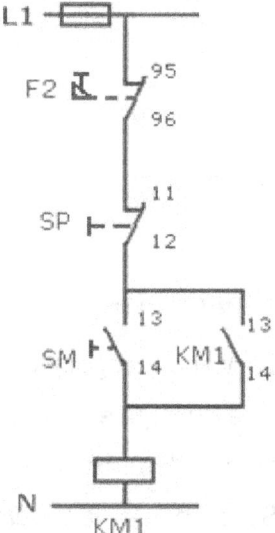

Esquema de Marcha – Paro de un contactor con preferencia del paro. Con SM conectamos KM1 y al soltarlo sigue en marcha porque el contacto de KM1 realimenta a su propia bobina. La parada se realizará mediante SP y por protección térmica a través de F2.

109

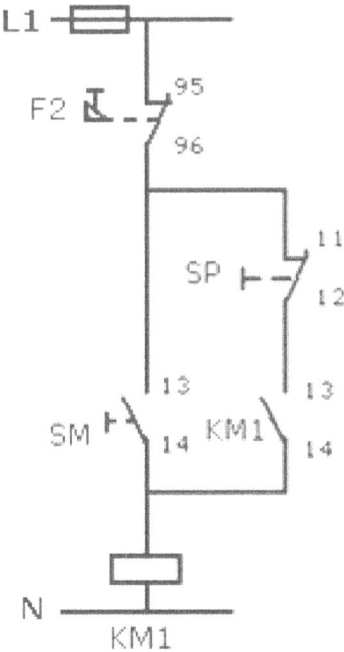

Marcha – Paro igual que el anterior pero con preferencia de la marcha sobre el paro.

## Mando y regulación de motores eléctricos: Maniobras

### Mando y regulación. Control del motor

Es un término genérico Mando, regulación y maniobras tiene un amplio significado, desde un simple interruptor hasta un complejo sistema con componentes tales como relevadores, controles de tiempo contactores. Sin embargo, la función común es la misma en cualquier caso: esto es, controlar alguna operación del motor eléctrico. Por lo tanto, al seleccionar e instalar equipo de control para un motor se debe considerar una gran cantidad de diversos factores a fin de que aquél pueda funcionar correctamente junto a la máquina para la que se diseña.

**Maniobras. Propósito del controlador**

Algunos de los factores a considerarse respecto al controlador del motor y sus maniobras:

*-Arranque*

El motor se puede arrancar conectándolo directamente a través de la línea. Sin embargo, la máquina impulsada se puede dañar si se arranca con ese esfuerzo giratorio repentino. El arranque debe hacerse lenta y gradualmente, no sólo para proteger la máquina, sino porque la oleada de corriente de la línea durante el arranque puede ser demasiado grande. La frecuencia del arranque de los motores también comprende el empleo del controlador.

*-Parada*

Los controladores permiten el funcionamiento hasta la detención de los motores y también imprimen una acción de freno cuando se debe detener la máquina rápidamente. La parada rápida es una función vital del controlador para casos de emergencia. Los controladores ayudan en la acción de parada retardando el movimiento centrífugo de las máquinas y en las operaciones de las grúas para manejar cargas.

*-Inversión de la rotación*

Se necesitan controladores para cambiar automáticamente la dirección de la rotación de 1as máquinas mediante el mando de

111

un operador en una estación de control. La acción de inversión de los controladores es un proceso continuo en muchas aplicaciones industriales.

-*Marcha*

Las velocidades y características de operación deseadas, son, función y propósito directos de los controladores. Éstos protegen a los motores, operadores, máquinas y materiales, mientras funcionan.

-*Control de velocidad.*

Algunos controladores pueden mantener velocidades muy precisas para propósitos de procesos industriales, pero se necesitan de otro tipo para cambiar las velocidades de los motores por pasos o gradualmente.

### Circuitos de control manual

Un diagrama básico de control expresado en la forma de diagrama de línea, es aquel que muestra una estación de botones controlando una lámpara. El circuito se considera manual, debido a que una persona debe iniciar la acción para que el circuito opere.

-*Control remoto y automático*

El concepto de control de motores eléctricos en su sentido más amplio comprende todos los métodos usados para el control del comportamiento de un sistema eléctrico. El sentido que se pretende en este capítulo, está relacionado con el arranque, aceleración, reversa, desaceleración y frenado de un motor y su carga. El motor se puede controlar desde un punto alejado, usando estaciones de botones. Deben incluirse interruptores magnéticos con las estaciones de botones para control remoto, o cuando los dispositivos automáticos no tengan la capacidad eléctrica para conducir las corrientes de arranque y marcha del motor. Si éste se controla automáticamente, pueden usarse los siguientes dispositivos. El controlador de un motor eléctrico es un dispositivo que se usa normalmente para el arranque y paro, con un comportamiento en forma determinada Y en condiciones normales de operación.

*-Arranque y parada*

El arranque y frenado está definido como una función en la cual el motor opera cuando se acciona un botón y frena cuando el botón se desacciona. Esta acción de arranque y frenado se usa con máquinas, en las cuales el motor debe opera por períodos breves para conducir a la máquina a su posición.

El control de la velocidad del motor es esencial, no solamente para hacerlo funcionar, sino para controlar su velocidad durante la marcha.

Respecto al control de la velocidad, se deben considerar las siguientes Condiciones:

*Velocidad constante - Velocidad variable - Velocidad ajustable - Velocidad múltiple*

## Inversión de giro en motores

Invertir el giro de un motor eléctrico, el invertir el sentido de rotación, es decir que el rotor o eje girará hacia la derecha o hacia la izquierda. Este mecanismo se realizará con los controladores y dispositivos de mando y control correspondientes.

### *Para Motores de Corriente Continua*

-Monofásicos: Se invierte la polaridad de entrada del motor.

-Trifásicos: Se invierte una de las fases de entrada. (Intercambio entre 2 fases). (Figura 1).

### *Para Motores de corriente alterna.*

-Monofásicos: (Consta de bobina principal y bobina auxiliar). Se invierte la polaridad de la bobina auxiliar. (Figura 2).

-Trifásicos: Se invierte una de las fases de entrada. (Intercambio entre 2 fases). (Figura 1).

# Figura 1

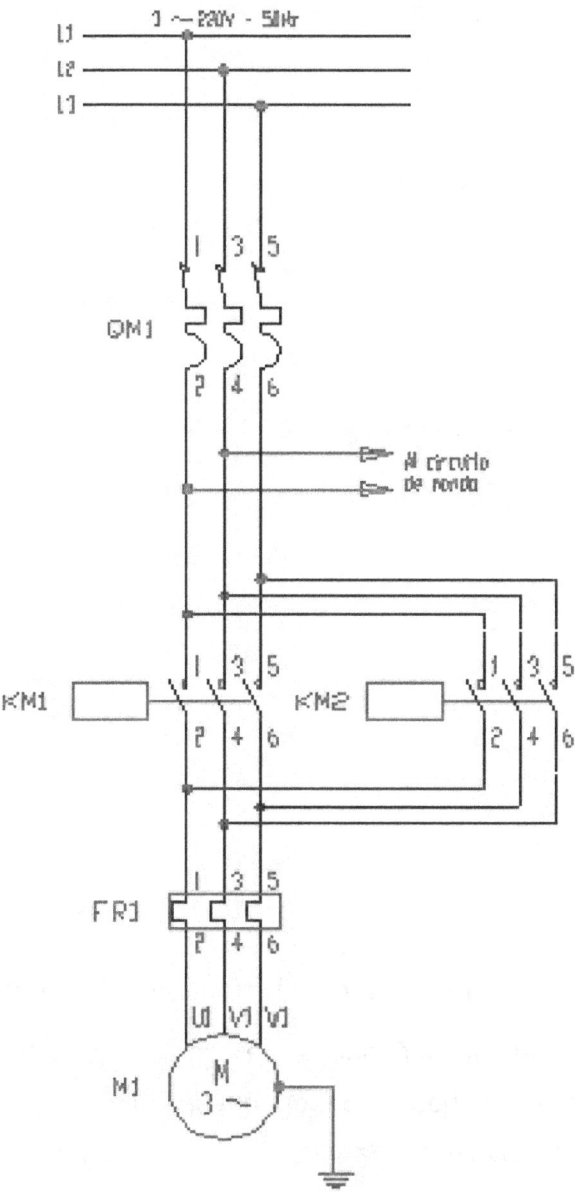

## Figura 2

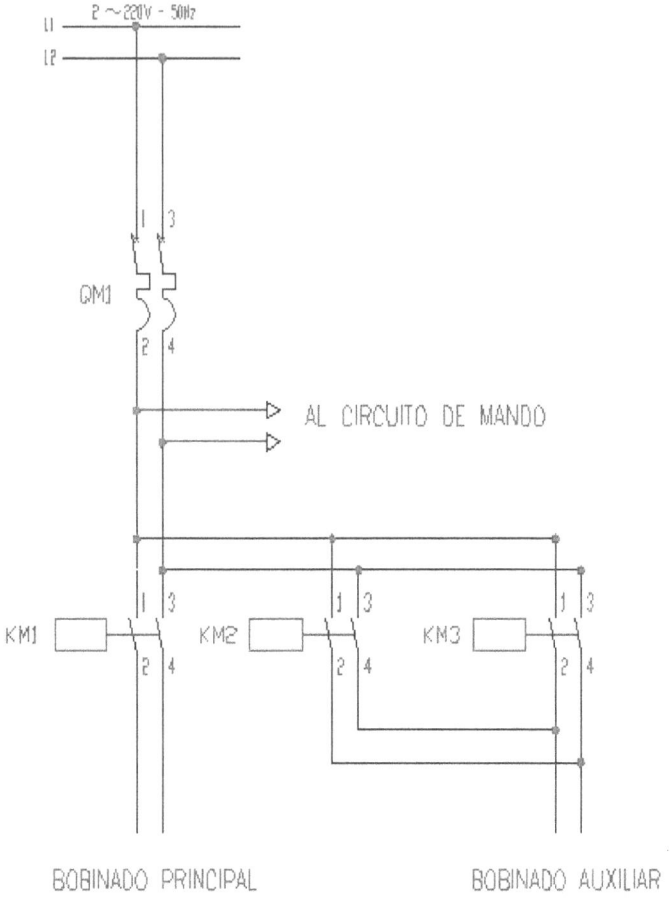

**Arranque de un motor en conexión estrella-triángulo**

El Arranque estrella triángulo se realiza con los controladores y dispositivos de mando y control correspondientes. Los circuitos Estrella y Triángulo son las formas en que van conectadas las bobinas del Motor trifásico, esta forma de conexionado podrá hacer variar la potencia, la fuerza, la velocidad y por ende el

116

rendimiento del motor. Cada fabricante, realiza de forma predeterminada el conexionada para el cual ha de funcionar el motor. Actualmente el 90 % de los motores son adaptables a cualquiera de los circuitos.

Conexión Triángulo

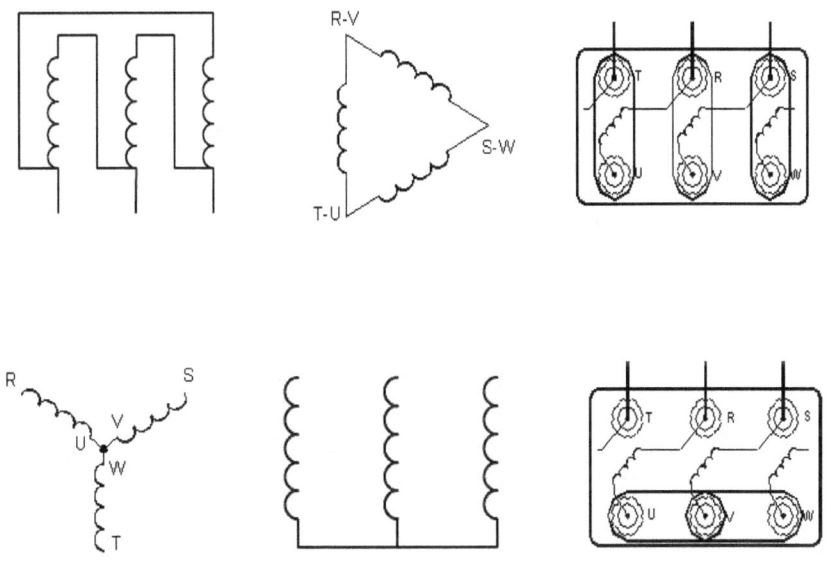

Conexión Estrella

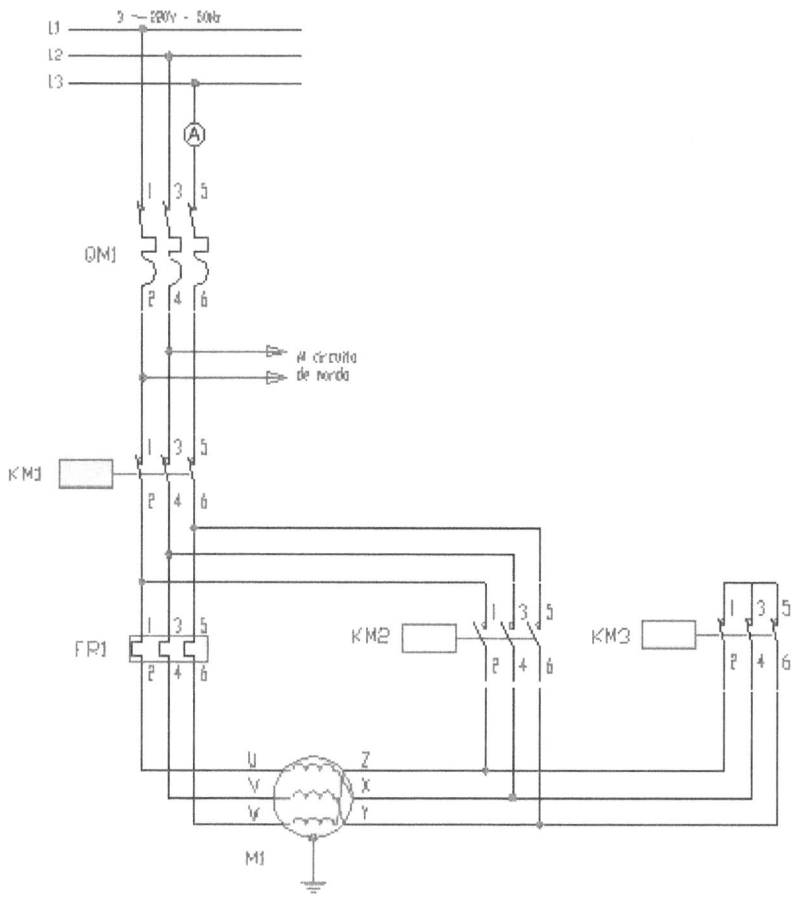

**Autómata programable: Campos de aplicación**

### ¿Qué es un autómata programable?

Hasta no hace mucho tiempo el control de procesos industriales se venía haciendo de forma cableada por medio de contactores y relés (Automatismos). Al operario que se encontraba a cargo de este tipo de instalaciones, se le exigía tener altos conocimientos técnicos para poder realizarlas y posteriormente mantenerlas. Además cualquier variación en el proceso suponía modificar físicamente gran parte de las conexiones de los montajes, siendo necesario para ello un gran esfuerzo técnico y un mayor desembolso económico. En la actualidad no se puede entender un proceso complejo de alto nivel desarrollado por técnicas cableadas. El ordenador y los autómatas programables han intervenido de forma considerable para que este tipo de instalaciones se hayan visto sustituidas por otras controladas de forma programada. El Autómata Programable Industrial (API) nació como solución al control de circuitos complejos de automatización. Por lo tanto se puede decir que un API no es más que un aparato electrónico que sustituye los circuitos auxiliares o de mando de los sistemas automáticos. A él se conectan los captadores (finales de carrera, pulsadores) por una parte, y los actuadores (bobinas de contactores, lámparas, pequeños receptores) por otra.

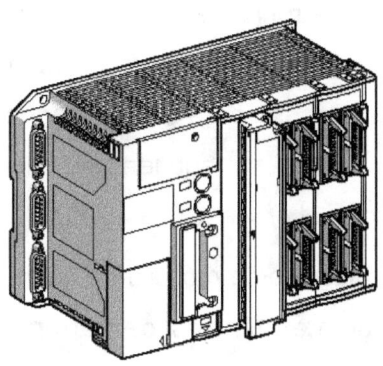

**Partes de un autómata programable:** La estructura básica (Hardware) de cualquier autómata es la siguiente:

- o Fuente de alimentación
- o CPU
- o Módulo de entrada
- o Módulo de salida
- o Terminal de programación
- o Periféricos.

Respecto a su disposición externa, los autómatas pueden contener varias de estas secciones en un mismo módulo o cada una de ellas separadas por diferentes módulos. Así se pueden distinguir autómatas compactos y modulares.

**Fuente de alimentación:** Es la encargada de convertir la tensión de la red, 220v C.A., a baja tensión de C.C., normalmente 24 v. Siendo esta la tensión de trabajo en los circuitos electrónicos que forma el autómata.

**CPU:** La unidad central de procesos es el auténtico cerebro del sistema. Se encarga de recibir las órdenes, del operario por medio de la consola de programación y el módulo de entradas. Posteriormente las procesa para enviar respuestas al módulo de salidas. En su memoria se encuentra residente el programa destinado a controlar el proceso.

**Módulo de entradas: A** este módulo se unen eléctricamente los captadores (interruptores, finales de carrera, pulsadores). La información recibida en él, es enviada a la CPU para ser procesada de acuerdo la programación residente.

Se pueden diferenciar dos tipos de captadores conectables al módulo de entradas: los Pasivos y los Activos. Los **Captadores Pasivos** son aquellos que cambian su estado lógico, activado - no activado, por medio de una acción mecánica. Estos son los Interruptores, pulsadores, finales de carrera, etc. Los **Captadores Activos** son dispositivos electrónicos que necesitan ser alimentados por una tensión para que varíen su estado lógico. Este es el caso de los diferentes tipos de detectores (Inductivos, Capacitivos, Fotoeléctricos). Muchos de estos aparatos pueden ser alimentados por la propia fuente de alimentación del autómata. El que conoce circuitos de automatismos industriales realizados por contactores, sabrá que puede utilizar, como captadores, contactos eléctricamente abiertos o eléctricamente cerrados dependiendo de su función en el circuito. Como ejemplo podemos ver un simple arrancador paro/marcha. En él se distingue el contacto usado como pulsador de marcha que es normalmente abierto y el usado como pulsador de parada que es normalmente cerrado. Sin embargo en circuitos automatizados por autómatas, los captadores son generalmente abiertos. El mismo arrancador paro/marcha realizado con un autómata es el de la figura 6. En él se ve que ambos pulsadores y el relé térmico auxiliar son abiertos.

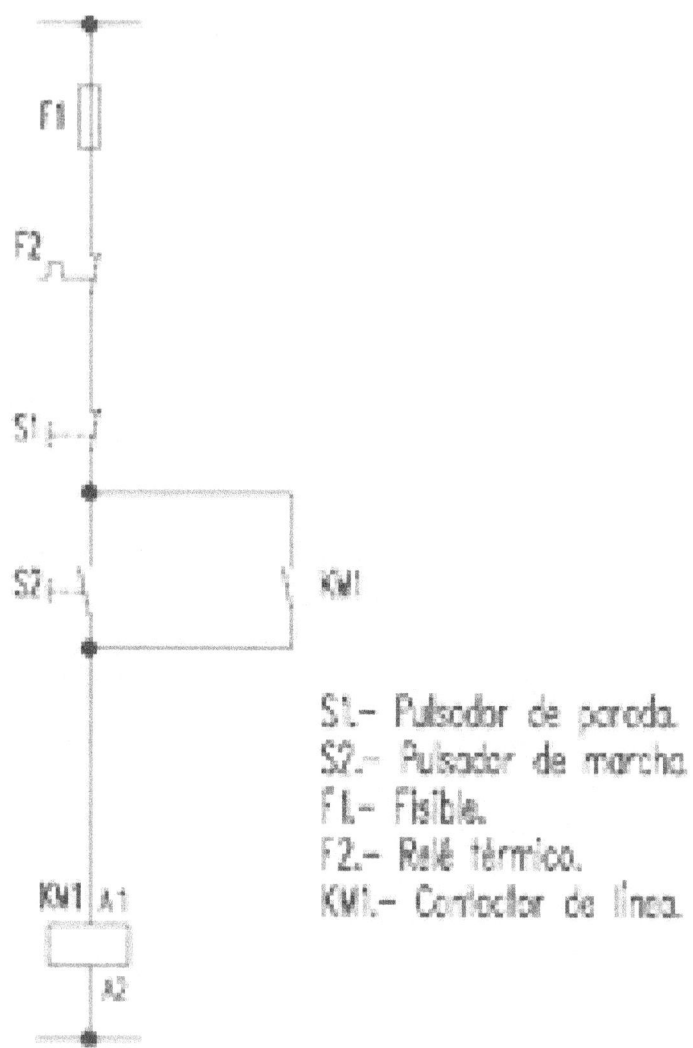

F1

F2

S1

S2 KM1

KM1 A1

A2

S1.- Pulsador de parada.
S2.- Pulsador de marcha.
F1.- Fisible.
F2.- Relé térmico.
KM1.- Contactor de línea.

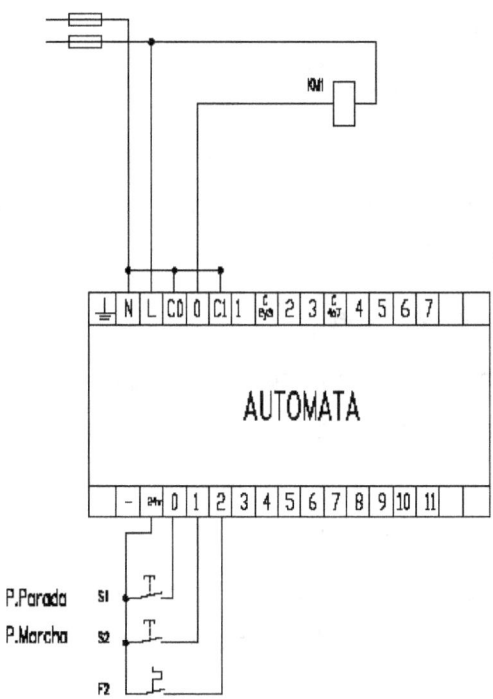

**Módulo de salidas**

El módulo de salidas del autómata es el encargado de activar y desactivar los actuadores (bobinas de contactores, lámparas, motores peque os, etc.). La información enviada por las entradas a la CPU, una vez procesada, se envía al módulo de salidas para que estas sean activadas y a la vez los actuadores que en ellas están conectados. Según el tipo de proceso a controlar por el autómata, podemos utilizar diferentes módulos de salidas. Existen tres tipos bien diferenciados:

- A relés.

- A triac.

- A transistores.

*Módulos de salidas a relés*

Son usados en circuitos de corriente continua y alterna. Están basados en la conmutación mecánica, por la bobina del relé, de un contacto eléctrico normalmente abierto.

*Módulos de salidas a Triacs*

Se utilizan en circuitos de corriente continua y corriente alterna que necesiten maniobras de conmutación muy rápidas.

*Módulos de salidas a Transistores a colector abierto*
El uso del este tipo de módulos es exclusivo de los circuitos de C.C. igualmente que en los de Triacs, es utilizado en circuitos que necesiten maniobras de conexión/desconexión muy rápidas.


**Terminal de programación**

El terminal o consola de programación es el que permite comunicar al operario con el sistema.

Las funciones básicas de éste son las siguientes:
-Transferencia y modificación de programas.

-Verificación de la programación.

-Información del funcionamiento de los procesos.

Como consolas de programación pueden ser utilizadas las construidas específicamente para el autómata, tipo calculadora o bien un ordenador personal, PC, que soporte un software especialmente diseñado para resolver los problemas de programación y control.

Terminal de programación portátil y programación compatible PC

**Periféricos**

Los periféricos no intervienen directamente en el funcionamiento del autómata, pero sin embargo facilitan la labor del operario. Los más utilizados son:

-Grabadoras a cassettes.

-Impresoras.

-Cartuchos de memoria EEPROM.

-Visualizadores y paneles de operación OP

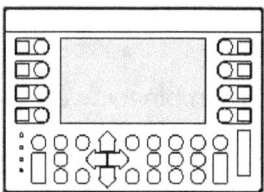
Panel de Operación

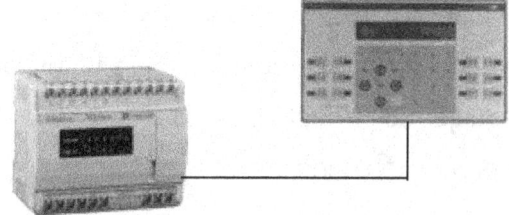

Conexión de un visualizador a un autómata

125

**Lenguajes de programación** (Software)

Cuando surgieron los autómatas programables, lo hicieron con la necesidad de sustituir a los enormes cuadros de maniobra construidos con contactores y relés. Por lo tanto, la comunicación hombre-máquina debería ser similar a la utilizada hasta ese momento. El lenguaje usado, debería ser interpretado, con facilidad, por los mismos técnicos electricistas que anteriormente estaban en contacto con la instalación. Estos lenguajes han evolucionado en los últimos tiempos, de tal forma que algunos de ellos ya no tienen nada que ver con el típico plano eléctrico a relés. Los lenguajes más significativos son:

**Lenguaje a contactos. (LD)**

Es el que más similitudes tiene con el utilizado por un electricista al elaborar cuadros de automatismos. Muchos autómatas incluyen módulos especiales de software para poder programar gráficamente de esta forma.

**Lenguaje por Lista de Instrucciones. (IL)**

En los autómatas de gama baja, es el único modo de programación. Consiste en elaborar una lista de instrucciones o nemónicos que se asocian a los símbolos y su combinación en un circuito eléctrico a contactos. También decir, que este tipo de lenguaje es, en algunos los casos, la forma más rápida de programación e incluso la más potente.

**Grafcet. (Sfc)**

Es el llamado Gráfico de Orden Etapa Transición. Ha sido especialmente diseñado para resolver problemas de automatismos secuenciales. Las acciones son asociadas a las etapas y las condiciones a cumplir a las transiciones. Este lenguaje resulta enormemente sencillo de interpretar por operarios sin conocimientos de automatismos eléctricos. Muchos de los autómatas que existen en el mercado permiten la programación en GRAFCET, tanto en modo gráfico o como por lista de instrucciones.

También podemos utilizarlo para resolver problemas de automatización de forma teórica y posteriormente convertirlo a plano de contactos.

**Plano de funciones. (fbd)**

El plano de funciones lógicas, resulta especialmente cómodo de utilizar, a técnicos habituados a trabajar con circuitos de puertas lógicas, ya que la simbología usada en ambos es equivalente.

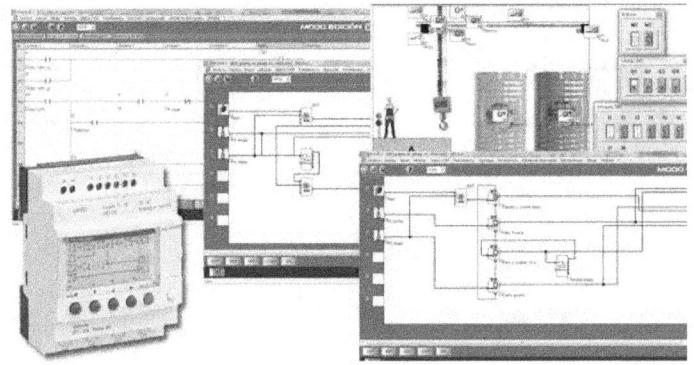

Autómata programable (Para PLC)

127

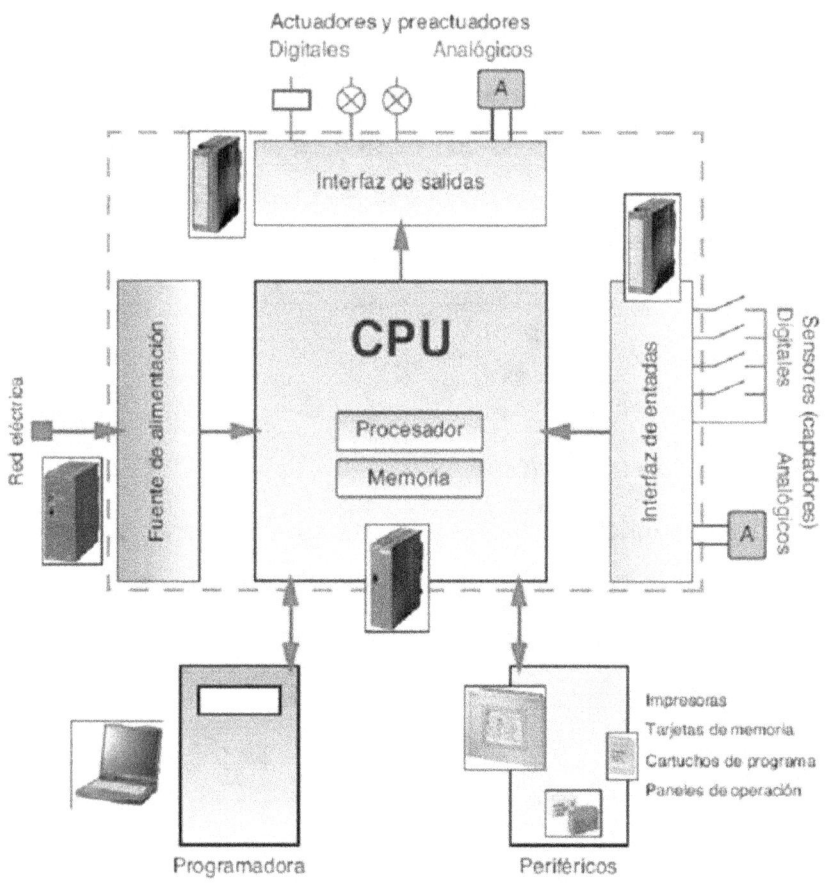

# AUTOEVALUACIÓN

Automatismo y cuadros eléctricos: Cuadros eléctricos. Esquemas de potencia y mando. Mando y regulación de motores eléctricos: Maniobras. Inversión de giro en motores. Arranque de un motor en conexión estrella-triángulo. Autómata programable: Campos de aplicación.

---

**1. Qué se entiende como la incorporación de elementos a los circuitos con el objeto de provocar determinados efectos sin la intervención obligada de la mano del hombre:**
   a) Modernismo
   b) Autismo
   c) Automatismo
   d) Automovilismo
   e) Autoritarismo

**2. Para comandar un motor eléctrico, ¿A qué tipo de automatismo debemos remitirnos?**
   a) Neumático
   b) Mecánico
   c) Hidráulico
   d) Electrónico
   e) Eléctrico

**3. ¿Cómo se denomina el circuito auxiliar del circuito de Mando?**
   a) Circuito Auxiliar de mando
   b) Circuito Auxiliar de control
   c) Circuito Auxiliar de automatismo
   d) Circuito Auxiliar de marcha
   e) Circuito Auxiliar de parada

**4. ¿Cuál o cuáles son componentes del circuito de mando?**
   a) Disyuntor
   b) Contactores
   c) Pulsadores

d) Termomagnéticos

e) b y c son correctas

5. A qué componente se refiere el siguiente enunciado: Elemento electromecánico de conexión y desconexión, que tiene una posición de reposo y varias de accionamiento, pudiendo comportarse estas como interruptor o como pulsador.

  a) Rotor
  b) Motor
  c) Estator
  d) Conmutador
  e) Tiristor

6. ¿Mediante qué elemento se acciona un contactor?

  a) Luz
  b) Calor
  c) Frío
  d) Humedad
  e) Electroimán

7. Qué tipos de contactos puede tener un contactor?

  a) Contactos provisionales
  b) Contactos paralelos
  c) Contactos inductivos
  d) Contactos auxiliares
  e) Contactos provisorios

8. ¿Cómo se denominan los contactores que no tienen contactos de potencia?

  a) Disyuntores
  b) Conmutadores
  c) Display
  d) By pass
  e) Relés

9. Pueden aumentarse el número contactos auxiliares mediante su:

  a) Expansión
  b) Acoplamiento

c) Desarmado
d) Conexión
e) Ninguna es correcta

## 10. Cuando un relé es temporizado ¿Qué se puede regular?
a) La velocidad
b) El espacio
c) El tiempo
d) El arco eléctrico
e) El enclavamiento

## 11. Una señalización puede ser:
a) Táctil
b) Gustativa
c) Óptica
d) Intuitiva
e) Todas son correctas

## 12. Las lámparas conectadas a las bobinas del contactor no deben estar en:
a) Serie
b) Paralelo
c) Mixto
d) Lineal
e) Ninguna es correcta

## 13. Señalar cuál de los siguientes es correcto según la normalización correspondiente:
a) Rojo (no se recomienda): PARO o fuera de tensión
b) Verde: ATENCIÓN. Puede utilizarse para evitar condiciones peligrosas. Ej.: Exceso de temperatura
c) Amarillo: Situación de MARCHA. Funcionamiento en ciclo de trabajo
d) Ninguna es correcta
e) Todas son correctas

## 14. El cuadro eléctrico ha de estar distribuido de una forma:
a) Inaccesible y desordenada
b) Inaccesible y ordenada
c) Accesible y desordenada

d) Accesible y ordenada

e) Ninguna es correcta

**15. Los cuadros eléctricos, podrán ser circuitos de:**
   a) Apertura y cierre
   b) Variación de velocidad
   c) Control
   d) Protección y Mando
   e) Ninguna es correcta

**16. A cuál de los siguientes comanda un circuito de potencia:**
   a) Al emisor
   b) Al receptor
   c) Al conector
   d) Al termistor
   e) Al conductor

**17. A cuál de los siguientes comanda un circuito de mando:**
   a) Transistor
   b) Receptor
   c) Emisor
   d) Contactor
   e) Ninguna es correcta

**18. Cuál no corresponde a maniobras de un motor:**
   a) Velocidades
   b) Arranque
   c) Parada
   d) Retroceso
   e) Inversión

**19. Señalar el tipo control de maniobras correcto:**
   a) Control remoto y automático
   b) Control satelital y semiautomático
   c) Control diferido y automático
   d) Control temporizado y semiautomático
   e) Todas son correctas

**20. Señalar la respuesta correcta para inversión de giro. Se invierte la polaridad de entrada del motor:**
   a) Motor monofásico de corriente alterna
   b) Motor trifásico de corriente continua
   c) Motor trifásico de corriente alterna
   d) Motor monofásico de corriente continua
   e) Ninguna es correcta

**21. Señalar la respuesta correcta para inversión de giro. Se invierte la polaridad de la bobina auxiliar:**
   a) Motor monofásico de corriente alterna
   b) Motor trifásico de corriente continua
   c) Motor trifásico de corriente alterna
   d) Motor monofásico de corriente continua
   e) Ninguna es correcta

**22. Señalar la respuesta correcta para inversión de giro. Se invierte una de las fases de entrada. (Intercambio entre 2 fases).**
   a) Motor monofásico de corriente alterna
   b) Motor trifásico de corriente alterna
   c) Motor monofásico de corriente continua
   d) Todas son correctas
   e) Ninguna es correcta

**23. Para conexión estrella, señalar la respuesta correcta, según los siguientes datos:**
**Fase1: R; Fase2: S; Fase3: T; extremos de cada Bobina. Bobina1: A - B; Bobina2: C - D; Bobina3: E - F:**
   a) (Un extremo) B, S, R; (Otro extremo) T − A; D − E; F - C
   b) (Un extremo) B, D y F; (Otro extremo) R − A; S − C; T − E
   c) (Un extremo) R, D y F; (Otro extremo) B − A; S − D; T − E
   d) (Un extremo) B, T y F; (Otro extremo) R − A; S − D; − E
   e) Ninguna es correcta

**24. ¿Qué indica la figura estrella o triángulo?**
   a) La forma del motor
   b) La forma de representar un motor
   c) La forma del rotor
   d) La forma del conexionado de las bobinas de un motor

e) La forma del estator

**25. ¿En qué rama de la técnica se encuentran los autómatas programables?**
    a) Hidráulica
    b) Neumática
    c) Electrónica
    d) Fontanería
    e) Albañilería

**26. ¿Qué dos elementos controlan un sistema de automatismo mediante los autómatas programables?**
    a) Cables y conectores
    b) Contactores y relés
    c) Hardware y software
    d) Motores y comandos
    e) Ninguna es correcta

# SOLUCIONARIO

1. c) Automatismo
2. e) Eléctrico
3. b) Circuito Auxiliar de control
4. e) b y c son correctas
5. d) Conmutador
6. e) Electroimán
7. d) Contactos auxiliares
8. e) Relés
9. b) Acoplamiento
10. c) El tiempo
11. c) Óptica
12. b) Paralelo
13. a) Rojo (no se recomienda): Indicará situación de PARO o fuera de tensión
14. c) Accesible y desordenada
15. d) Protección y Mando
16. b) Al receptor
17. d) Contactor
18. d) Retroceso
19. a) Control remoto y automático
20. e) Motor monofásico de corriente continua
21. a) Motor monofásico de corriente alterna
22. b) Motor trifásico de corriente alterna
23. b) (Un extremo) B, D y F; (Otro extremo) R – A; S – C; T – E
24. d) La forma del conexionado de las bobinas de un motor
25. c) Electrónica
26. c) Hardware y software

**Grupos electrógenos: Procesos de arranques y paradas de un grupo electrógeno. Protección del grupo: Alarmas. Medidas eléctricas. Mantenimiento de grupos electrógenos.**

# Terminología

**Arranque autónomo:**
Capacidad de un grupo electrógeno de arrancar sin alimentación eléctrica externa.

**Curva de carga:**
Curva de la corriente en función del tiempo, que muestra el límite admisible antes de ser perjudicial para un equipo.

**Conmutador estático:**
Interruptor rápido, normalmente constituido por componentes de electrónica de potencia, que puede conmutar una carga alimentada por un ondulador o SAI sobre otra fuente de energía sin ocasionar retardo ni transitorios inaceptables.

**Desenganche:**
Desconexión voluntaria de cargas no preferentes cuando la potencia total disponible no es suficiente para alimentar la carga total de la explotación.

**Distorsión de la onda de tensión:**
Diferencia entre la forma de onda de la tensión real y la de la onda senoidal pura, normalmente expresada en términos de distorsión armónica total:

$$THD = \frac{\sqrt{\sum U_h^2}}{U_1}.$$

en donde $U_h$ es la tensión armónica y $U_1$ es la fundamental de la onda de tensión.

**Estabilidad de red:**
Una red se considera estable si una perturbación limitada a la entrada origina a la salida una perturbación también limitada. Si una red de distribución eléctrica es estable, las fluctuaciones de carga, los defectos, las conexiones y desconexiones del servicio no producirán fluctuaciones importantes de la tensión o de la frecuencia.

**Estatismo de la frecuencia:**
Variación absoluta de la frecuencia entre el régimen estabilizado en vacío y el régimen estabilizado a plena carga; suele ser del 4%. El aumento de la potencia suministrada provoca una bajada de la frecuencia en los grupos electrógenos que funcionan sólo de este modo.

**Puesta en servicio de un equipo:**
Desarrollo de ensayos y ajustes en el lugar de utilización hechos con la tensión real del equipo. Un ejemplo sería la puesta en servicio de un grupo electrógeno.

**Puesta en servicio de un sistema:**
Conjunto de ensayos y ajustes adicionales, hechos en el lugar de utilización de los equipos, una vez recibidos separadamente, para asegurar el funcionamiento correcto del conjunto. Un ejemplo sería el verificar el funcionamiento en paralelo de varios grupos electrógenos, incluidas funciones tales como la sincronización, la desconexión de cargas no preferentes, etc.

**Razón X/R:**
Es la razón que expresa, para una red determinada, la razón de su inductancia a su resistencia. Esta razón determina la constante de tiempo de la componente continua de la corriente de cortocircuito, que es un factor importante para determinar el calibre de los interruptores automáticos AT.

**Regulación de velocidad isócrono:**
Regulación de velocidad estabilizada que permite un margen muy pequeño de variación respecto al valor de referencia.

**Relé de control de sincronismo (synchro-check):**
Relé de verificación cuya misión es actuar cuando los vectores de dos tensiones de entrada están dentro de la tolerancia prevista.

**Relé de corriente máxima manteniendo la tensión:**
Relé de protección de corriente máxima con una entrada de tensión que contrasta la respuesta normal de un relé en una entrada de corriente. Se utilizan los alternadores debido a que éstos proporcionan una corriente de cortocircuito mucho menor que la de una conexión a red de potencia equivalente.

**Reparto de carga:**
Gestión centralizada y envío de órdenes de ajuste para cargar adecuadamente cada grupo electrógeno. Se trata de repartir la carga entre los grupos en función de sus potencias nominales.

**Subestación de una unidad de proceso:**
Centro de Transformación (CT) que contiene el equipo de distribución eléctrica necesario para la alimentación de cargas de un factoría o explotación industrial. Normalmente contiene la aparamenta MT, los transformadores de potencia y distribución y la aparamenta de BT.

**Tensión residual:**
Tensión de un juego de barras después de cortar la fuente de alimentación. Esta tensión proviene de las máquinas giratorias conectadas al juego de barras.

**Reserva de energía mecánica giratoria:**
Diferencia entre la potencia total de un conjunto de grupos electrógenos conectados a una red y la energía que suministran realmente.

**Sincronoscopio:**
Instrumento que permite indicar si dos tensiones alternas aguas arriba y aguas abajo de un interruptor automático tienen la misma frecuencia y están en fase.

# Grupos electrógenos

**Procesos de arranques y paradas de un grupo electrógeno**

Cada vez que encendemos una bombilla, un televisor o cualquier otro aparato de funcionamiento eléctrico, estamos haciendo uso de una de las fuentes de energía más apreciadas e importantes que el ser humano haya podido concebir, y es que sin la energía eléctrica la civilización ya no sería lo que es en la actualidad; progreso y calidad de vida. Hoy en día son las centrales eléctricas las que generan electricidad para el uso del hogar, de infraestructuras e industrias. La energía eléctrica, tal y como la conocemos hoy, la producen grandes alternadores de corriente alterna instalados en centrales eléctricas, y estas, a su vez, necesitan otro tipo de energía (mecánica) que contribuya al movimiento del alternador. En muchas ocasiones la demanda es tan grande que, en determinadas circunstancias, se hace uso de máquinas que suplen este déficit o, por otra parte, cuando hay un corte en el suministro eléctrico; a estas máquinas se las conoce como grupos electrógenos o de emergencia. Son máquinas que mueven un generador a través de un motor de combustión interna.

*Utilidad de un Grupo Electrógeno*

Una de las utilidades más comunes es la de generar electricidad en aquellos lugares donde no hay suministro eléctrico, generalmente son zonas apartadas con pocas infraestructuras y muy poco habitadas. Otro caso sería en locales de pública concurrencia, hospitales, fábricas, etc., que a falta de energía eléctrica de red, necesiten de otra fuente de energía para abastecerse. En las zonas industriales aisladas, los grupos electrógenos de corriente alterna se utilizan normalmente como fuente principal de energía eléctrica. Pero también se utilizan mucho, tanto en la industria como en el sector servicios, como fuente de energía de emergencia. Este Cuaderno Técnico cita la mayor parte de las cuestiones que deben de estudiarse cuando se hace una instalación de grupos electrógenos de corriente alterna de hasta 20 MW de potencia. El arrastre de grupos electrógenos utilizados para aplicaciones industriales o del sector terciario queda normalmente asegurado por motores diésel, turbinas de gas o máquinas de vapor. Las turbinas se utilizan principalmente para grupos electrógenos de centrales eléctricas de producción, mientras que se prefieren los motores diésel en la producción de energía eléctrica de emergencia.

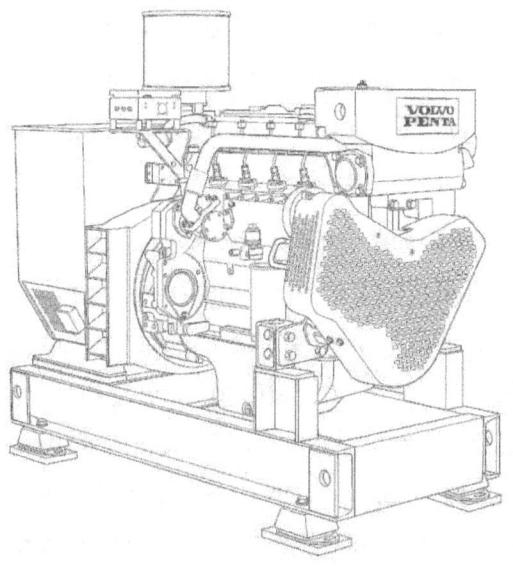

Vista de un Grupo Electrógeno en azotea

Por tanto, usaremos el término general de «grupo electrógeno» sin distinción del tipo de motor. La elección del motor queda determinada por elementos tales como la disponibilidad y condiciones de abastecimiento de un tipo determinado de fuel; consideraciones éstas que no entran en el marco de este Cuaderno Técnico. Sin embargo, debido a que la utilización de motores diésel está muy extendida, se darán con frecuencia datos específicos referidos a este tipo de grupos.

Un grupo electrógeno consta de las siguientes partes detalladas en el siguiente dibujo:

1. **Motor Diésel.** El motor Diésel que acciona el Grupo Electrógeno ha sido seleccionado por su fiabilidad y por el hecho de que se ha diseñado específicamente para accionar Grupos Electrógenos. La potencia útil que se quiera suministrar nos la proporcionará el motor, así que, para una determinada potencia, habrá un determinado motor que cumpla las condiciones requeridas. Filtro del aire (elemento 1)

2. **Sistema eléctrico del motor.** El sistema eléctrico del motor es de 12 Vcc, excepto aquellos motores los cuales son alimentados a 24 Vcc, negativo a masa. El sistema influye un motor de arranque eléctrico, una/s batería/s libre/s de mantenimiento (acumuladores de plomo) (elemento 9), sin embargo, se puede instalar otros tipos de baterías si así se especifica, y los sensores y dispositivos de alarmas de los que disponga el motor. Normalmente,

142

un motor dispone de un monocontacto de presión de aceite, un termocontacto de temperatura y de un contacto en el alternador de carga (elemento 4) del motor para detectar un fallo de carga en la batería.

3. **Sistema de refrigeración.** El sistema de refrigeración del motor puede ser por medio de agua, aceite o aire. El sistema de refrigeración por aire consiste en un ventilador de gran capacidad que hace pasar aire frío a lo largo del motor para enfriarlo. El sistema de refrigeración por agua/aceite consta de un radiador, un ventilador interior para enfriar sus propios componentes.

4. **Alternador.** La energía eléctrica de salida se produce por medio de una alternador apantallado, protegido contra salpicaduras, autoexcitado, autorregulado y sin escobillas (elemento 6) acoplado con precisión al motor, aunque también se pueden acoplar alternadores con escobillas para aquellos grupos cuyo funcionamiento vaya a ser limitado y, en ninguna circunstancia, forzado a regímenes mayores.

5. **Depósito de combustible y bancada.** El motor y el alternador están acoplados y montados sobre una bancada de acero de gran resistencia (elemento 8). La bancada incluye un depósito de combustible (elemento 10) con una capacidad mínima de 8 horas de funcionamiento a plena carga.

6. **Aislamiento de la vibración.** El Grupo Electrógeno está dotado de tacos antivibrantes (elemento 7) diseñados para reducir las vibraciones transmitidas por el Grupo Motor-Alternador. Estos aisladores están colocados entre la base del motor, del alternador, del cuadro de mando y la bancada.

7. **Silenciador y sistema de escape.** El silenciador de escape va instalado en el Grupo Electrógeno (elemento 2). El silenciador y el sistema de escape reducen la emisión de ruidos producidos por el motor.

8. **Sistema de control.** Se puede instalar uno de los diferentes tipos de paneles y sistemas de control (elemento 3) para controlar el funcionamiento y salida del grupo y para protegerlo contra posibles fallos en el funcionamiento. El manual del sistema de control proporciona información detallada del sistema que está instalado en el Grupo Electrógeno.

9. **Interruptor automático de salida.** Para proteger al alternador, se suministra un interruptor automático de salida adecuado para el modelo y régimen de salida del Grupo Electrógeno con control manual. Para Grupos Electrógenos con control automático se protege el alternador mediante contactores adecuados para el modelo adecuado y régimen de salida.

10. **Otros accesorios instalables en un Grupo Electrógeno.** Además de lo mencionado anteriormente,

existen otros dispositivos que nos ayudan a controlar y mantener, de forma automática, el correcto funcionamiento del mismo. Para la regulación automática de la velocidad del motor se emplean una **tarjeta electrónica de control** para la señal de entrada "pick-up" y salida del "actuador". **El pick-up** es un dispositivo magnético que se instala justo en el engranaje situado en el motor, y éste, a su vez, esta acoplado al engranaje del motor de arranque. El pick-up detecta la velocidad del motor, produce una salida de voltaje debido al movimiento del engranaje que se mueve a través del campo magnético de la punta del pick-up, por lo tanto, debe haber una correcta distancia entre la punta del pick-up y el engranaje del motor. **El actuador** sirve para controlar la velocidad del motor en condiciones de carga. Cuando la carga es muy elevada la velocidad del motor aumenta para proporcionar la potencia requerida y, cuando la carga es baja, la velocidad disminuye, es decir, el fundamento del actuador es controlar de forma automática el régimen de velocidad del motor sin aceleraciones bruscas, generando la potencia del motor de forma continua. Normalmente el actuador se acopla al dispositivo de entrada del fuel-oíl del motor.

La potencia útil de un grupo electrógeno es probablemente el criterio más importante a  definir. La potencia obtenida de un grupo electrógeno se deduce normalmente a la vista del diagrama de las potencias activa/reactiva. La potencia activa que suministra un grupo electrógeno depende del tipo de combustible utilizado, de las condiciones del lugar, incluida la temperatura ambiente, la temperatura del fluido de refrigeración, la altitud y la humedad relativa. Depende también de las características de la carga, como son la posibilidad de sobrecarga y las variaciones de carga en el tiempo. La norma ISO 3 046-1 indica, para motores diésel, tres variantes para la definición de la potencia nominal y concreta la definición de las diversas capacidades de sobrecarga. Se definen, por tanto, estas nociones:

**Potencia continua**: el motor puede entregar el 100% de su potencia nominal durante un tiempo ilimitado. Es la noción utilizada para grupos de producción.

**Potencia principal (PRP):** el motor puede entregar una determinada potencia «base» durante un tiempo no limitado y el 100% de la potencia nominal durante un tiempo limitado. No todos los fabricantes entienden lo mismo por «potencia base». Un ejemplo típico sería una potencia de base de un 70% de la nominal y un 100% de la carga nominal durante 500 horas al año.

**Potencia de emergencia:** es la potencia máxima que la máquina puede entregar durante un tiempo limitado, generalmente menos de 500 horas al año. Esta definición no debe de aplicarse a los grupos electrógenos que trabajan exclusivamente como emergencia. Puesto que el motor no está en condiciones de entregar una potencia superior, conviene aplicar un factor de seguridad de al menos un 10% para la determinación de la potencia de emergencia necesaria. La capacidad de sobrecarga se define como la potencia adicional de un 10% durante 1 hora en un periodo de 12 horas de funcionamiento. Si la potencia nominal se determina por la potencia de emergencia, ya no queda margen para la sobrecarga. La mayor parte de los fabricantes admite una sobrecarga normal respecto a la potencia continua y a la potencia principal, pero teniendo en cuenta las excepciones se aconseja siempre precisar la capacidad de sobrecarga necesaria y precisar la definición de potencia nominal. Por ejemplo, un mismo grupo diésel puede quedar definido por: una potencia continua de 1 550 kW, una PRP de 1 760 kW y una potencia de socorro de 1 880 kW. Cuando se utiliza un grupo electrógeno como fuente principal de energía eléctrica, conviene tener en cuenta los siguientes aspectos:

- Capacidad para funcionar en paralelo con otros grupos y/o con la red,

- Prever largos períodos de mantenimiento,

- Asegurar el arranque autónomo,

- Tener en cuenta la velocidad: una velocidad lenta aumenta la esperanza de vida del grupo (de ahí el límite de 750 rpm para los motores diésel).

Y, si el grupo se utiliza como grupo de emergencia:

- Asegurar la rapidez y fiabilidad del arranque y de la conmutación de carga,

- Efectuar la instalación de manera que se puedan desconectar las cargas no preferentes («desenganche», según la definición dada en la terminología) para evitar sobrecargas o pérdidas de sincronismo,

- Permitir pruebas periódicas con carga,

- Asegurar el funcionamiento en paralelo con la red si el grupo debe utilizarse para soportar los picos de demanda,

- Proporcionar, si es necesario, la corriente magnetizante para los transformadores de distribución.

Cuando el grupo se encuentra en un lugar muy apartado del operario y funciona las 24 horas del día es necesario instalar un mecanismo para reestablecer el combustible gastado. Consta de los siguientes elementos:

*De una **Bomba de Trasiego**.* Es un motor eléctrico de 220 Vca en el que va acoplado una bomba que es la encargada de suministrar el combustible al depósito. **Una boya indicadora de nivel máximo y nivel mínimo.** Cuando detecta un nivel muy bajo de combustible en el depósito activa la bomba de trasiego. Cuando las condiciones de frío en el ambiente son intensas se dispone de un dispositivo calefactor denominado **Resistencia de Precaldeo** que ayuda al arranque del motor. Los Grupos Electrógenos refrigerados por aire suelen emplear un radiador eléctrico, el cual se pone debajo del motor, de tal manera que mantiene el aceite a una cierta temperatura. En los motores refrigerados por agua la resistencia de precaldeo va acoplada al circuito de refrigeración, ésta resistencia se alimenta de 220 Vca y calienta el agua de refrigeración para calentar el motor. Ésta resistencia dispone de un termostato ajustable; en él seleccionamos la temperatura adecuada para que el grupo arranque en breves segundos.

## Arranque y parada de un grupo electrógeno

Cuando se utilizan grupos electrógenos para suministrar la energía eléctrica en caso de emergencia, es importante tomar ciertas precauciones para asegurar su puesta en servicio y su conexión rápida y correcta en caso de necesidad. Un ejemplo de las precauciones que hay que tener en cuenta son la lubricación y el mantenimiento de la temperatura del agua de refrigeración constante, cuando el grupo está parado. El fabricante del grupo debe entregar o proporcionar una lista de estas precauciones y el diseño de la instalación debe de prever la disponibilidad de todas las alimentaciones auxiliares necesarias durante los periodos en los que el grupo está parado. El fabricante puede garantizar un tiempo de arranque de unos 15 segundos desde la orden de arranque hasta el cierre del interruptor automático del grupo. Hay que evitar pedir al suministrador un tiempo más corto porque esto aumenta mucho el coste del grupo sin aportar una ganancia de tiempo apreciable. En todos los casos las cargas críticas deben mantenerse alimentadas mediante onduladores. Para el arranque de grupos electrógenos se utilizan normalmente dos técnicas: la batería de acumuladores y el aire comprimido, usándose esta última normalmente en grupos electrógenos de gran potencia. El sistema de arranque debe de estar diseñado para poder realizar 3 intentos consecutivos de arranque. Debe de tener un sistema de supervisión que permita un mantenimiento preventivo, evitando así el fallo en el momento del arranque. El motivo más frecuente de fallo en el arranque es el fallo de la batería. En algunos casos puede suponer una razón para escoger el arranque por aire comprimido. Cuando un grupo electrógeno debe de funcionar en paralelo con otra fuente de energía hará falta sincronizar el grupo (según la descripción que se dará en el apartado 5.3) y cargarlo progresivamente. Para un grupo electrógeno que funcione solo, la conexión de la carga al grupo podrá hacerse en uno o en varios escalones. Las variaciones de frecuencia y tensión dependerán de la importancia de las cargas conectadas en cada paso. De hecho, a un grupo electrógeno se le puede aplicar un 90% de su capacidad, sin que su frecuencia varíe más de un 10% y su tensión más de un 15%. Sin embargo, dependiendo el tipo de carga que hay que alimentar, se pueden citar otros condicionantes que también afectan a las variaciones de frecuencia y de tensión. Se determinarán las características de arranque de los motores, como las corrientes de arranque y el tipo (directo o en estrella-triángulo, etc.). También será necesario prever más escalones de conexión cuando las tolerancias en la fluctuación de tensión o frecuencia sean pequeñas. Antes de parar un grupo electrógeno hay que reducir su carga a cero transfiriendo la carga a otras fuentes y después abrir el interruptor automático del grupo. El grupo deberá girar algunos minutos en vacío para permitir su refrigeración antes de pararlo. En ciertos casos es necesario continuar el sistema de refrigeración después de parado el grupo, para eliminar el calor latente de la máquina. Para dejar el grupo fuera de servicio, habrá que seguir las recomendaciones indicadas por el fabricante. Las operaciones para poner un grupo en servicio o fuera de servicio de forma correcta deberán quedar aseguradas por el equipo de mando y control del grupo. Es necesario hacer funcionar un grupo electrógeno periódicamente. Para una instalación que pueda soportar un corte breve, cuando abre el interruptor automático de alimentación normal se da automáticamente orden de arranque al grupo electrógeno, que toma entonces la carga, pasándose a la alimentación de emergencia. Después de un tiempo de funcionamiento determinado, se puede abrir el interruptor automático de alimentación de emergencia y cerrar el interruptor «normal». En las instalaciones en las que cualquier interrupción de la alimentación podría provocar pérdidas inaceptables de la explotación, será necesario tener la posibilidad de proceder.

**Arranque manual o automático**

El arranque manual se produce a nuestra voluntad, esto quiere decir que cuando queramos disponer de la electricidad generada por el Grupo Electrógeno lo haremos arrancar de forma manual. Generalmente el accionamiento de arranque se suele realizar mediante una llave de contacto o pulsador de arranque de una centralita electrónica con todas las funciones de vigilancia. Cuando se produzca un calentamiento del motor, cuando falte combustible o cuando la presión de aceite del motor sea muy baja, la centralita lo detectará parando el motor automáticamente. Existe centrales automáticas que funcionan tanto en modo manual o automático; estas centralitas o cuadros electrónicos detectan un fallo en la red de suministro eléctrico, obligando el arranque inmediato del Grupo Electrógeno. Normalmente en los grupos automáticos se instalan cajas predispuestas que contienen básicamente un relé de paro y otro de arranque, además de tener instalados en el conector todos los sensores de alarma y reloj de los que disponga el Grupo Electrógeno. Instalado aparte un cuadro automático en el que van instalados los accionamientos de cambio de red a Grupo Electrógeno.

## Como realizar una Medición para Elegir un Grupo electrógeno

La forma más práctica rápida y precisa es realizando una medición del consumo con un amperímetro. Aunque esto solo es posible cuando contamos con energía de red u otro grupo para conectar las cargas en caso contrario utilizaremos el método que explicamos más adelante. Para medir se deben conectar todos los consumos al máximo que pensamos utilizar a un mismo tiempo y procedemos a medir con el amperímetro, con el resultado aplicamos la siguiente ecuación.

*Valor medido en amperes (A) x 220 (tensión) x 1,40 = P / 1000 = Kva. del grupo*

Si el equipo trifásico medimos las tres fases, tomamos el valor más alto de las tres, y aplicamos la siguiente ecuación: Esta fórmula es aplicable a equipos monofásicos y trifásicos.

*Valor medido en amperes (A) x 3 (fases) x 220 (tensión) x 1,40 = P / 1000 = Kva. del grupo*

*A = Amperios - T= tensión - Constante de fórmula = 1,40 - P = Potencia / 1000 (en KWattios).*

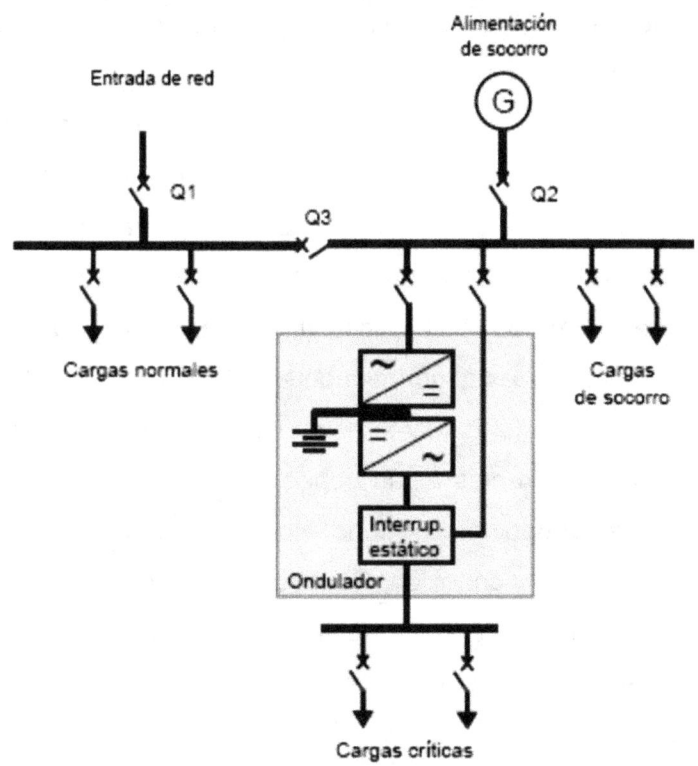

*Esquema típico de una red de alimentación eléctrica de una pequeña industria.*

El esquema de la **figura** representa un ejemplo típico de alimentación de cargas preferentes en un edificio comercial, un pequeño emplazamiento industrial o una alimentación de socorro de una subestación de una unidad de proceso de un emplazamiento industrial importante. En situación normal, tanto las cargas preferentes como las no preferentes, se alimentan directamente de la red. Cuando se produce un corte de red, el interruptor automático de acoplamiento Q3 abre, el grupo

153

electrógeno arranca y después el interruptor automático Q2 conecta el alternador pasando la carga a ser alimentada por el grupo de emergencia. Las cargas críticas no pueden soportar ningún corte, por breve que éste sea, y se alimentan de forma continuada mediante un ondulador. El ondulador está equipado con un interruptor estático cuya misión (de bypass) es la de conectar la carga directamente a la alimentación si aparece cualquier defecto de funcionamiento en el interior del ondulador. Para este tipo de aplicaciones la potencia de los grupos electrógenos está normalmente entre los 250 y 800 kVA. La ventaja de este esquema es su claridad y simplicidad. Todas las cargas preferentes están conectadas al mismo juego de barras que el grupo electrógeno, lo que evita la necesidad de desconexión y conexión. Por lo que se refiere a la autonomía del ondulador, puede ser de solamente 10 minutos, puesto que su alimentación queda garantizada por el grupo electrógeno. Se recomienda que el ondulador y el circuito bypass estén alimentados por el mismo juego de barras preferente.

### Protección del grupo: Alarmas

*Principio general de protección*

Puesto que los grupos electrógenos son fuentes de energía eléctrica, los relés de protección de máxima corriente deben de estar conectados a los transformadores de corriente del neutro de los arrollamientos del estator para prevenir los defectos en los arrollamientos del alternador. Para el funcionamiento en paralelo con otros grupos electrógenos o con la red pública son necesarios relés de protección adicionales a nivel del interruptor automático del grupo electrógeno para los defectos lado red del grupo electrógeno. Para estos relés de protección se instalan transformadores de corriente a nivel del interruptor automático del grupo electrógeno protegiendo así la conexión global del mismo. Normalmente se conectan relés direccionales de potencia activa y reactiva al transformador de corriente del neutro del alternador. También pueden conectarse a los transformadores de corriente asociados al interruptor automático.

**Cuadro de protección con alarmas**

*Cuadro automático aut-mp10*

Un cuadro de protección incluye las siguientes protecciones que cuando actúan desconectan la carga y paran el grupo electrógeno:

- Baja presión de aceite.
- Alta temperatura del motor diésel.
- Sobrevelocidad y baja velocidad del motor diésel.
- Tensión de grupo fuera de límites.
- Sobreintensidad del alternador con detección electrónica.
- Cortocircuito en las líneas de consumo con detección electrónica.
- Bloqueo al fallar el arranque del motor diésel.

Ejemplo de Cuadro de Protección moderno: El cuadro automático AUT-MP10 es el resultado de más de 50 años de experiencia de Electra Molins S.A. en el diseño y la fabricación de cuadros automáticos para grupos electrógenos. Las condiciones de diseño han incluido el funcionamiento a temperaturas ambiente extremas (desde -20ºC hasta +70ºC) y una gran protección ante perturbaciones eléctricas, como pueden ser las sobretensiones producidas por descargas atmosféricas (rayos). Es por tanto un cuadro de gran fiabilidad y robustez. Basado en un módulo programable con MICROPROCESADOR, es el cuadro automático estándar de más prestaciones que existe en el mercado; siendo no obstante un equipo de fácil utilización, incluso por personal no especializado. Existen distintas versiones según las necesidades del cliente:

- **AUT-MP10E**, para grupos automáticos por fallo de red.
- **AUT-MP10DR**, para grupos con arranque y paro automático por señal a distancia.
- **AUT-MP10B**, para grupos fijos o insonorizados con operación manual.

Vista de frente de un Cuadro de Protección y Comando

Incluye asimismo las siguientes alarmas preventivas:

- Avería del alternador de carga de baterías.
- Avería del cargador electrónico de baterías.
- Baja y alta tensión de baterías.
- Bajo nivel de gasóleo.

Todas las protecciones y alarmas preventivas se señalizan en un display de fácil lectura. Funciones incluidas:

- Detección trifásica de fallo de red por tensión mínima, máxima y por desequilibrio entre fases.
- Temporización para impedir el arranque en caso de microcortes.
- Temporización de conexión de la carga al grupo.
- Temporización de estabilización de la red al regreso de la misma.
- Temporización del ciclo de paro para bajar la temperatura del motor antes del paro.

Las temporizaciones se visualizan en el display que indica los segundos pendientes hasta llegar a cero. El display indica asimismo los distintos estados por los que pasa el grupo electrógeno. Posibilidad como opcional de comunicación RS-485 o RS-232 o Ethernet con ordenador PC o compatible.

**Medidas eléctricas**

*Protección eléctrica.* La **figura 7** muestra las protecciones recomendadas que son las siguientes, enumeradas con sus códigos convencionales:

*- Protecciones conectadas a transformador de corriente del neutro del alternador:*

- **32P**: relé direccional de potencia activa,
- **32Q**: relé direccional de potencia reactiva para la pérdida de excitación (grupos > 1 MVA),
- **46**: componente inversa (grupos > 1 MVA),
- **49**: imagen térmica,
- **51**: corriente máxima,
- **51G**: defecto a tierra,
- **51V**: corriente máx. manteniendo la tensión,

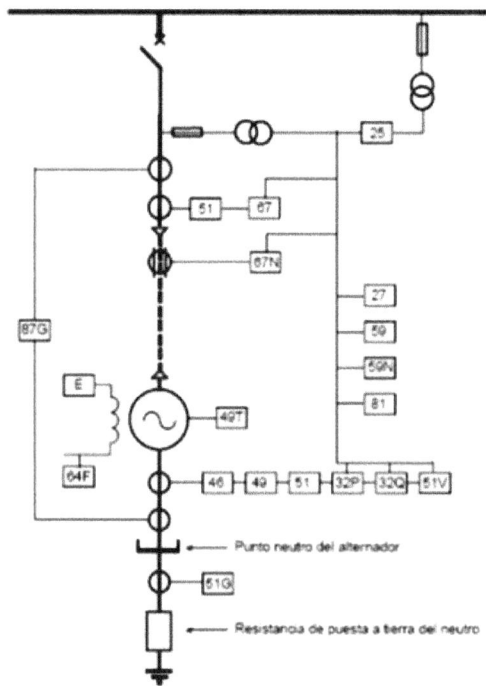

7 *Protecciones recomendadas de un grupo electrógeno.*

- **87G**: protección diferencial del alternador (para grupos > 2 MVA).
(Nota: 46, 49, 32P y 32Q pueden también estar conectados a los
transformadores de corriente de las fases).
- *Protecciones conectadas a los transformadores de tensión:*
- **25**: «synchro-check» (únicamente para funcionamiento en
paralelo),
- **27**: falta de tensión,
- **59**: sobretensión,
- **81**: frecuencia fuera de límites (máxima y mínima).
- **P** protecciones conectadas a los transformadores de corriente
al lado de la línea (solamente para funcionamiento en paralelo):
- **67**: corriente máxima direccional (no es necesario si se utiliza el
87G),

## Protecciones del motor

El grupo electrógeno también debe de tener protección para la
máquina de arrastre. Se trata, sobre todo, del nivel y la
temperatura del aceite, el nivel y la temperatura del agua y la
temperatura del escape. La protección del defecto a tierra del rotor
está normalmente integrada en estas protecciones debido a la
necesidad de inyectar una corriente continua en el rotor. Cuando
actúa una protección mecánica, la orden de parada deberá abrir
el interruptor automático, pero sin permitir su rearme.

## Mantenimiento de grupos electrógenos

*El emplazamiento*

Es conveniente que el emplazamiento de grupo esté próximo al
lugar de utilización para reducir las caídas de tensión y las
pérdidas en los cables. Al estudiar el transporte e instalación de
un grupo electrógeno hay que tener en cuenta sus dimensiones y
su peso. En el edificio receptor de la instalación hay que prever

también el espacio necesario para mantenimiento, incluido el desmontaje completo del grupo y disponer del equipo necesario encima del mismo para poder levantarlo. El fabricante del grupo deberá indicar todas las exigencias que se refieren a las necesidades de espacio y de accesibilidad en los pliegos de especificaciones de la obra civil. Normalmente, la emisión de ruido será un grave problema. La solución consiste en insonorizar el grupo o el emplazamiento o la obra civil o los dos a la vez. La insonorización es una incidencia significativa en el coste y por tanto debe de estudiarse y definirse antes de encargar el equipo. Se vigilará también que la base de apoyo del grupo no propague el ruido.

### Entrada de aire y sistema de escape

Al definir la potencia de un grupo electrógeno es importante tener en cuenta las condiciones de la entrada de aire y de salida de humos de escape. En ciertos casos el emplazamiento del grupo obligará a utilizar largas canalizaciones y esto tendrá una importancia decisiva en la definición de la potencia nominal del motor. Hay que prestar atención también a que la entrada de aire esté suficientemente alejada de la salida de humos. Los grupos electrógenos de emergencia deben de ser capaces de funcionar en diversas condiciones. En ciertas regiones donde son frecuentes las tormentas de arena, la entrada de aire debe estar equipada de un filtro para la arena, lo que aumenta el precio del grupo.

## Conformidad con la reglamentación local

En muchos países existe una reglamentación local especial. Además las exigencias relativas a las emisiones y las exigencias medioambientales obligarán al diseño del sistema de alimentación de carburante, incluida la capacidad máxima del depósito de uso diario y el sistema o foso de recogida de fugas (doble pared, etc.). También es obligatorio respetar la normativa local que se refiere a la detección y protección contra incendios. Los detectores de incendio deben de instalarse en todos los locales que contengan los grupos electrógenos. La protección contra el fuego debe de ser automática donde sea posible. La lucha contra el fuego consiste normalmente en inundar el emplazamiento o local con gas inerte. Esto debe unirse al cierre automático de las aberturas de ventilación, entradas de aire y puertas. La reglamentación local se refiere también a medidas como en número y emplazamiento de los paneles de aviso, el emplazamiento del cuadro de mando de la centralita contra incendios, así como el tipo de gas inerte que se puede utilizar.

## Herramientas especiales y piezas de recambio

Los grupos electrógenos requieren un mantenimiento periódico, y pasados algunos años de utilización, una revisión completa. En los dos casos, se necesitan herramientas especiales, que deben definirse en el pedido del grupo, debiendo después verificar su recepción y que hay que comparar con las listas dadas en los manuales de mantenimiento. Las piezas de recambio necesarias para la primera revisión general deben de proporcionarse además de las necesarias para el funcionamiento normal.

**Mantenimiento del motor**

Aunque cada motor incluye un manual de operación para su correcto mantenimiento, destacaremos los aspectos principales para un buen mantenimiento del motor.

1. **Controlar el nivel de aceite.** El motor debe estar nivelado horizontalmente, se debe asegurar que el nivel está entre las marcas MIN y MAX de la varilla. Si el motor está caliente se habrá de esperar entre 3 y 5 minutos después de parar el motor.

2. **Aceite y filtros de aceite.** Respete siempre el intervalo de cambio de aceite recomendado y sustituya el filtro de aceite al mismo tiempo. En motores parados no quite el tapón inferior. Utilice una bomba de drenado de aceite para absorber el aceite.

   o Limpie las fijaciones del filtro para que no caiga dentro suciedad al instalar el filtro nuevo.

   o Quite el tapón inferior con una junta nueva.

   o Quite el/los filtro/s. Compruebe que no quedan las juntas en el motor.

   o Llene los nuevos filtros con aceite del motor y pulverice las juntas. Atornille el filtro a mano hasta que la junta toque la superficie de contacto. Después gire otra media vuelta. Pero no más.

o Añada aceite hasta el nivel correcto. No sobrepasar el nivel de la marca MAX.

o Arranque el motor. Compruebe que no hay fugas de aceite alrededor del filtro. Añada más si es necesario.

o Haga funcionar el motor a temperatura normal de funcionamiento.

3. **Filtro del aire. Compruebe/sustituya.** El filtro del aire debe sustituirse cuando el indicador del filtro así lo indique. El grado de suciedad del filtro del aire de admisión depende de la concentración del polvo en el aire y del tamaño elegido del filtro. Por lo tanto los intervalos de limpieza no se pueden generalizar, sino que es preciso definirlos para cada caso individual.

4. **Correas de elementos auxiliares. Comprobación y ajuste.** La inspección y ajuste deben realizarse después de haber funcionado el motor, cuando las correas están calientes. Afloje los tornillos antes de tensar las correas del alternador. Las correas deberán ceder 10 mm entre las poleas. Las correas gastadas que funcionan por pares deben cambiarse al mismo tiempo. Las correas del ventilador tienen un tensor automático y no necesitan ajuste. Sin embargo, el estado de las correas debe ser comprobado.

5. **Sistema de refrigeración.** El sistema de refrigeración debe llenarse con un refrigerante que proteja el motor

contra la corrosión interna y contra la congelación si el clima lo exige. Nunca utilice agua sola. Los aditivos anticorrosión se hacen menos eficaces con el tiempo. Por tanto, el refrigerante debe sustituirse. El sistema de refrigeración debe lavarse al sustituir el refrigerante. Consulte en el manual del motor el lavado del sistema de refrigeración.

6. **Filtro de combustible. Sustitución.** Limpieza: no deben entrar suciedad o contaminantes al sistema de inyección de combustible. La sustitución del combustible debe llevarse a cabo con el motor frío para evitar el riesgo de incendio causado al derramarse combustible sobre superficies calientes. Quite los filtros. Lubrique la junta del filtro con un poco de aceite. Enrosque el filtro a mano hasta que la junta toque la superficie de contacto. Después apriete otra media vuelta, pero no más. Purgue el sistema de combustible. Deshágase del filtro antiguo de forma apropiada para su eliminación.

## Mantenimiento del alternador

Durante el mantenimiento rutinario, se recomienda la atención periódica al estado de los devanados (en especial cuando los generadores han estado inactivos durante un largo tiempo) y de los cojinetes. Para los generadores con escobillas se habrá de revisar el desgaste de las escobillas y la limpieza de los anillos rozantes. Cuando los generadores están provistos de filtros de aire, se requiere una inspección y mantenimiento periódico de los mismos.

**Estado de los devanados.** Se puede determinar el estado de los devanados midiendo la resistencia de aislamiento a tierra, es decir, la resistencia óhmica que ofrece la carcasa de la máquina respecto a tierra. Esta resistencia se altera cuando hay humedad o suciedad en los devanados, por lo tanto, la medición de aislamiento del generador nos indicará el estado actual del devanado. El aparato utilizado para medir aislamientos es el megóhmetro o Megger. La AVR (regulador automático del voltaje) debe estar desconectado en el caso de que el generador sea del tipo autoexcitado. Para que las medidas tengan su valor exacto la máquina debe estar parada. Es difícil asegurar cuánto es el valor de la resistencia de aislamiento de un generador, pero como norma a seguir se utiliza la fórmula:

**R (resistencia en Mega Ohmios) = Tensión nominal en V. / Potencia nominal KW + 1000** siempre y cuando la máquina esté en caliente, es decir, en pleno funcionamiento. Para medir la resistencia de aislamiento se conecta el polo positivo del megóhmetro a uno de los bornes del motor y el negativo a su masa metálica; hacemos mover la manivela del megóhmetro si la tuviera, ya que existen megóhmetros digitales, y se observará que la aguja se mueve hacia una posición de la escala hasta que se nota que resbala y en ese mismo momento se lee directamente la resistencia de aislamiento en la escala del aparato. Durante la medida, el generador debe separarse totalmente de la instalación, desconectándose de la misma. Si la resistencia de aislamiento resulta menor que la propia resistencia del devanado, sería imprescindibles secarlos. Se puede llevar a cabo el secado dirigiendo aire caliente procedente de un ventilador calentador o aparato similar a través de las rejillas de entrada y/o salida de aire del generador, aunque otro método rápido y eficaz seria el secado mediante un horno por calentamiento de resistencias. Alternativamente, se pueden cortocircuitar los devanados del estator principal, provocando un cortocircuito total trifásico en los bornes principales con el grupo electrógeno en marcha. Con este método se consigue secar los bobinados en muy poco tiempo, aunque para ello debe consultar el método y la forma de realizarlo según el tipo de alternador en su correspondiente manual.

**Cojinetes.** Todos los cojinetes son de engrase permanente para un funcionamiento libre de mantenimiento. Durante una revisión general, se recomienda, sin embargo, comprobarlos por desgaste o pérdida de aceite y reemplazarlos si fuese necesario. También se recomienda comprobar periódicamente si se recalientan los cojinetes o si producen excesivo ruido durante su funcionamiento útil. En caso de verificar vibraciones excesivas después de un cierto tiempo. Esto sería debido al desgaste del cojinete, en cuyo caso conviene examinarlo por desperfectos o pérdida de grasa y reemplazarlo si fuese necesario. En todo caso se deben reemplazar los cojinetes después de 40.000 horas en servicio. Cojinetes en generadores accionados por polea están sometidos a más fuerzas que cojinetes en generadores accionados directamente. Por lo tanto, los cojinetes deben ser reemplazados después de 25.000 horas en servicio.

**Anillos rozantes y Escobillas.** Muy a menudo el chisporreteo en las escobillas se debe a la suciedad en los anillos rozantes, o alguna otra causa mecánica. Hay que examinar la posición de las escobillas de manera que han de tocar los anillos rozantes en toda su superficie, asimismo deben reemplazarse cuando se ha gastado una cuarta parte de su longitud. Se han de limpiar a fondo los anillos rozantes de forma cíclica, quitándoles todo el polvo o suciedad que los cubra, y en especial cuando se cambian las escobillas.

**Mantenimiento de baterías**

**Llenado.** Se tendrá que añadir electrolito, previamente mezclado, el cual se suministra junto con el Grupo Electrógeno. Quitar los tapones y llenar cada celda con el electrolito hasta que el nivel del mismo esté a 8 mm por encima del borde de los separadores. Dejar reposar la batería durante 15 minutos. Comprobar y ajustar el nivel si fuese necesario. Transcurridos 30 minutos después de haber introducido el líquido electrolítico en la batería está se encuentra preparada para su puesta en funcionamiento.

**Rellenado.** El uso normal y la carga de baterías tendrán como efecto una evaporación del agua. Por lo tanto, tendrá que rellenar la batería de vez en cuando. Primero, limpiar la batería para evitar que entre suciedad y después quitar los tapones. Añadir agua destilada hasta que el nivel esté a 8 mm por encima de los separadores. Volver a colocar los separadores.

**Comprobación de la carga.** Para comprobar la carga de una batería se emplea un **densímetro** el cual comprueba la densidad del electrolito; esté deberá medir de 1,24 a 1,28 cuando está totalmente cargada; de 1,17 a 1,22 cuando está medianamente cargada, y de 1,12 a 1,14 cuando está descargada.

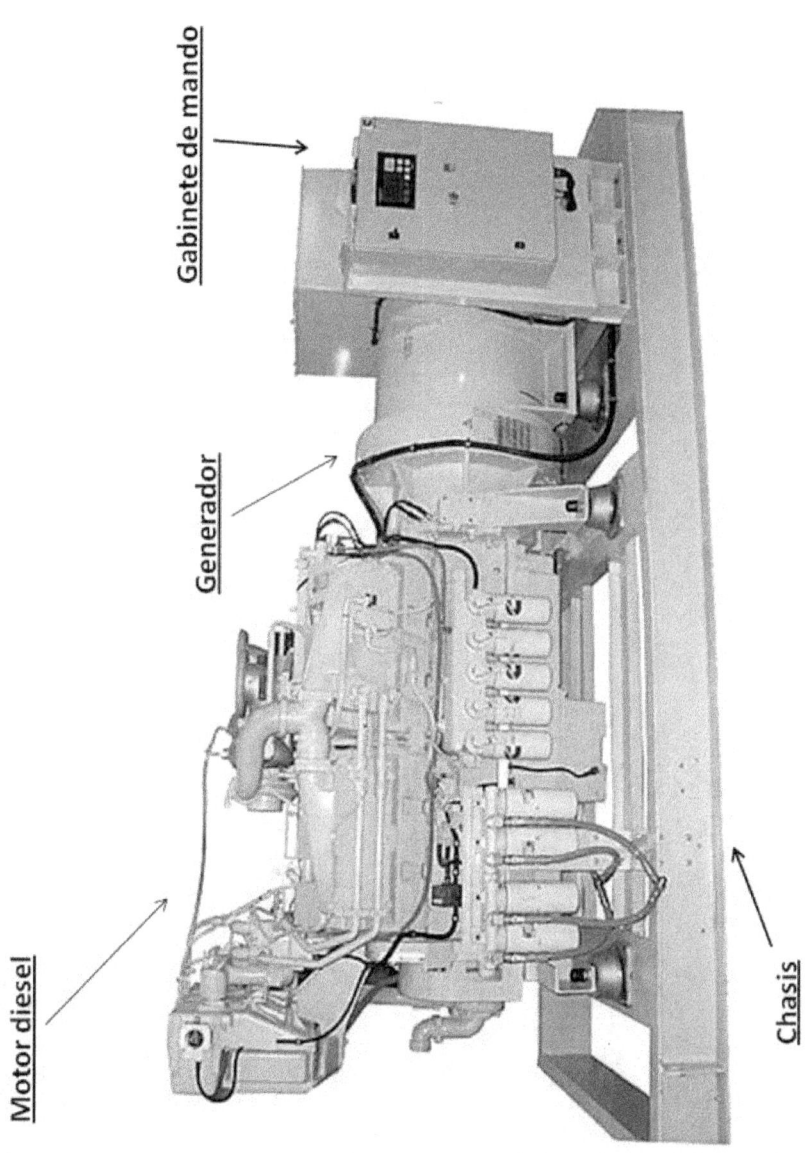

Gabinete de mando

Generador

Motor diesel

Chasis

169

# AUTOEVALUACIÓN

Grupos electrógenos: Procesos de arranques y paradas de un grupo electrógeno. Protección del grupo: Alarmas. Medidas eléctricas. Mantenimiento de grupos electrógenos.

---

**1. Los Grupos Electrógenos son máquinas que mueven un generador a través de un motor, ¿De qué tipo de combustión?**
   a) Externa
   b) Interna
   c) Subterránea
   d) Intensa
   e) Eterna

**2. ¿Qué término define la Capacidad de un Grupo electrógeno de arrancar sin alimentación eléctrica externa?**
   a) Conmutador de carga
   b) Curva de carga
   c) Arranque autónomo
   d) Desenganche
   e) Enganche

**3. ¿Qué utilidad tiene un grupo electrógeno? Señalar la respuesta correcta:**
   a) Una de las utilidades más comunes es la de generar electricidad en aquellos lugares donde no hay suministro eléctrico, generalmente son zonas apartadas con pocas infraestructuras y muy poco habitadas.
   b) Una de las utilidades menos comunes es la de generar electricidad en aquellos lugares donde no hay suministro eléctrico, generalmente son zonas apartadas con pocas infraestructuras y muy poco habitadas.
   c) Una de las utilidades más comunes es la de generar energía solar en aquellos lugares donde no hay suministro eléctrico, generalmente son zonas

171

apartadas con pocas infraestructuras y muy poco habitadas.

d) Una de las utilidades más comunes es la de generar electricidad en aquellos lugares donde hay suministro eléctrico, generalmente son zonas apartadas con pocas infraestructuras y muy poco habitadas.

e) Todas son incorrectas.

**4. ¿Para qué otro caso también puede utilizarse un Grupo Electrógeno?**
a) Para el bombeo de agua.
b) Como repuesto de motores.
c) Como fuente de energía de emergencia.
d) Para el riego de campos.
e) Como suplencia de baterías.

**5. Cuando se utiliza un grupo electrógeno como fuente principal de energía eléctrica, conviene tener en cuenta los siguientes aspectos. Indicar la definición incorrecta:**
a) Asegurar el arranque autónomo.
b) Prever largos períodos de mantenimiento.
c) Tener en cuenta la velocidad.
d) Ponerse a recaudo al arrancar el equipo.
e) Capacidad para funcionar en paralelo con otros grupos y/o con la red.

**6. Y si el grupo se utiliza como grupo de emergencia. Señalar la correcta.**
a) Asegurar la rapidez y fiabilidad del arranque y de la conmutación de carga.
b) Permitir pruebas periódicas con carga.
c) Efectuar la instalación de manera que se puedan desconectar las cargas no preferentes («desenganche», según la definición dada en la terminología) para evitar sobrecargas o pérdidas de sincronismo.
d) Activar el enganche del cuadro conmutador.
e) a, b y c son correctas.

**7. Cuando el grupo se encuentra en un lugar muy apartado del operario y funciona las 24 horas del día es necesario instalar un mecanismo para reestablecer el combustible gastado. Señalar el elemento correcto:**
   a) Bomba de achique.
   b) Bomba de expansión.
   c) Bomba de soporte.
   d) Bomba de Trasiego.
   e) Bomba de acabado.

**8. ¿Qué precauciones hay que tener en cuenta al poner en marcha el grupo Electrógeno?**
   a) La lubricación y el mantenimiento de la temperatura del agua de refrigeración.
   b) La limpieza y la corrosión del equipo.
   c) La humedad ambiente y la lluvia.
   d) El calor ambiente y las baterías.
   e) Ninguna es correcta.

**9. El sistema de arranque debe de estar diseñado para poder realizar, ¿cuántos intentos consecutivos de arranque?**
   a) 2 intentos.
   b) 1 intento.
   c) 4 intentos.
   d) 3 intentos.
   e) 6 intentos.

**10. ¿Cuál es el motivo más frecuente de fallo en el arranque de un Grupo Electrógeno?**
   a) El fallo de la batería.
   b) El fallo del combustible.
   c) El fallo de la llave de arranque.
   d) El fallo del alternador.
   e) Ninguna es correcta.

**11. ¿Qué porcentaje de su capacidad de carga se le puede aplicar a un Grupo Electrógeno?**
   a) 85%
   b) 75%
   c) 20%

d) 90%
e) 100%

**12. ¿Cuál de los siguientes enunciados es correcto?**
a) No es necesario hacer funcionar un grupo electrógeno periódicamente.
b) Es necesario hacer funcionar un grupo electrógeno siempre.
c) Es necesario hacer funcionar un grupo electrógeno nunca.
d) No es necesario hacer funcionar un grupo electrógeno regularmente.
e) Es necesario hacer funcionar un grupo electrógeno periódicamente.

**13. Generalmente el accionamiento de arranque se suele realizar mediante:**
a) Una palanca de arranque.
b) Una llave de contacto o pulsador de arranque de una centralita electrónica.
c) Una manivela de contacto o pulsador de relé.
d) Un interruptor de comando a distancia.
e) Accionamiento manual.

**14. Normalmente en los grupos automáticos se instalan cajas predispuestas que contienen básicamente:**
a) Un contactor y un relé de marcha.
b) Un automático termomagnético.
c) Una llave de encendido y parada.
d) Un relé de paro y otro de arranque
e) Ninguna es correcta.

**15. Antes de elegir e instalar un Grupo Electrógeno ¿Qué debemos medir?**
a) El consumo con un voltímetro.
b) La tensión con un óhmetro.
c) La intensidad con un manómetro.
d) El consumo con un amperímetro.
e) La reactancia con un galvanómetro.

**16.** Problema: Si tengo en una taller una tensión de 220 volts; 2 máquinas de 150A, iluminación total 50A ; Equipos de oficinas total 30A s, Cuál será la potencia del Grupo Electrógeno que se deberá instalar?
- a) 117,04 Kva
- b) 205,03 Kva
- c) 104,07 Kva
- d) 105,25 Kva
- e) 170,40 Kva

**17.** Señalar Cuál es la protección correspondiente al Cuadro de Protección y Comando:
- a) Baja presión de aceite.
- b) Bloqueo al fallar el arranque del motor diésel.
- c) Alta temperatura del motor diésel.
- d) Tensión de grupo fuera de límites.
- e) Todas son correctas.

**18.** Indicar alarmas preventivas del Cuadro de protección y Comando Aut-mp10:
- a) Avería del alternador de carga de baterías.
- b) Avería del cargador electrónico del alternador.
- c) Baja y alta tensión de línea.
- d) Bajo nivel de agua.
- e) Ninguna es correcta.

**19.** Cuál es uno de los principales aspectos para el correcto mantenimiento del motor:
- a) Sistema de refrigeración.
- b) Cuentavueltas.
- c) Circuito de agua.
- d) Filtro de agua.
- e) Ninguna es correcta.

**20.** Para comprobar la carga de una batería se utiliza:
- a) Un multímetro.
- b) Un manómetro.
- c) Un densímetro.
- d) Un óhmetro.
- e) Un voltímetro

# SOLUCIONARIO

1. b) Interna
2. c) Arranque autónomo
3. a)
4. c) Como fuente de energía de emergencia.
5. d) Ponerse a recaudo al arrancar el equipo.
6. e) a, b y c son correctas.
7. d) Bomba de Trasiego.
8. a) La lubricación y el mantenimiento de la temperatura del agua de refrigeración.
9. d) 3 intentos.
10. a) El fallo de la batería.
11. d) 90%
12. e) Es necesario hacer funcionar un grupo electrógeno periódicamente.
13. b) Una llave de contacto o pulsador de arranque de una centralita electrónica.
14. d) Un relé de paro y otro de arranque
15. d) El consumo con un amperímetro.
16. a) 117,04 Kva
17. e) Todas son correctas.
18. a) Avería del alternador de carga de baterías.
19. a) Sistema de refrigeración.
20. c) Un densímetro.

Instalaciones de alumbrado exterior: Guía técnica de aplicación instalaciones de alumbrado exterior (guía-bt-09). Esquemas de conexiones de lámparas utilizadas en alumbrado exterior.

# Instalaciones de alumbrado exterior

## El alumbrado exterior

El alumbrado exterior es, sin duda, una de las aplicaciones más habituales e importantes de la iluminación. La posibilidad de realizar actividades más allá de los límites naturales ha abierto un abanico infinito de posibilidades desde iluminar calles y vías de comunicación hasta aplicaciones artísticas, de recreo, industriales, etc.

## Alumbrado de vías públicas

Conceptos teóricos, soluciones prácticas y recomendaciones necesarias para alumbrar calles, plazas, etc. Contrariamente a lo que se pueda pensar, detrás de los cálculos y recomendaciones sobre alumbrado de vías públicas existe un importante desarrollo teórico sobre diferentes temas (pavimentos, deslumbramiento, confort visual, etc.). Afortunadamente, hoy día estos cálculos están muy mecanizados y no es necesario tener profundos conocimientos en la materia para realizarlos. No obstante, es recomendable tener nociones de algunos de ellos para comprender mejor la mecánica de cálculo. Así tras estudiar algunos conceptos previos de iluminación, veremos soluciones prácticas de alumbrado viario y los niveles de iluminación recomendados.

## Iluminancia

La iluminancia indica la cantidad de luz que llega a una superficie y se define como el flujo luminoso recibido por unidad de superficie:

$$E = \frac{d\Phi}{ds}$$

Si la expresamos en función de la intensidad luminosa nos queda como:

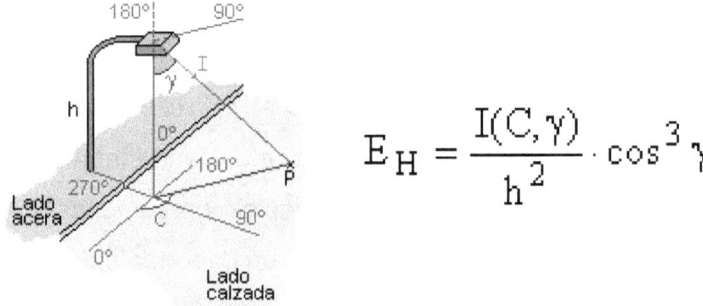

$$E_H = \frac{I(C,\gamma)}{h^2} \cdot \cos^3 \gamma$$

donde I es la intensidad recibida por el punto P en la dirección definida por el par de ángulos (C, $\gamma$ ) y h la altura del foco luminoso. Si el punto está iluminado por más de una lámpara, la iluminancia total recibida es entonces:

$$E_H = \sum_{i=1}^{n} \frac{I(C_i, \gamma_i)}{h_i^2} \cdot \cos^3 \gamma_i$$

## Luminancia

La luminancia, por contra, es una medida de la luz que llega a los ojos procedente de los objetos y es la responsable de excitar la retina provocando la visión. Esta luz proviene de la reflexión que sufre la iluminancia cuando incide sobre los cuerpos. Se puede definir, pues, como la porción de intensidad luminosa por unidad de superficie que es reflejada por la calzada en dirección al ojo.

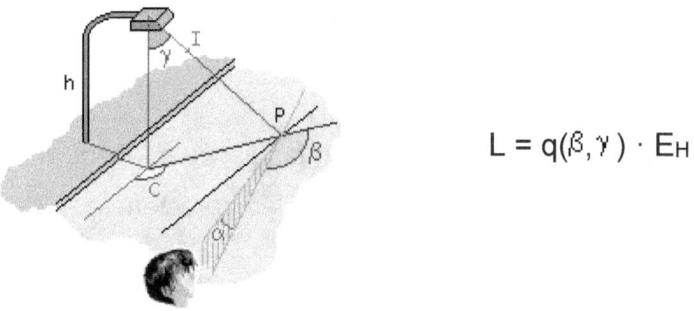

$$L = q(\beta, \gamma) \cdot E_H$$

donde q es el coeficiente de luminancia en el punto P que depende básicamente del ángulo de incidencia $\gamma$ y del ángulo entre el plano de incidencia y el de observación $\beta$. El efecto del ángulo de observación $\alpha$ es despreciable para la mayoría de conductores (automovilistas con campo visual entre 60 y 160 m por delante y una altura de 1,5 m sobre el suelo) y no se tiene en cuenta. Así pues, nos queda:

$$L = \frac{I(C, \gamma) \cdot \cos^3 \gamma}{h^2} \cdot q(\beta, \gamma)$$

Por comodidad de cálculo, se define el término:

$$r(\beta, \gamma) = q(\beta, \gamma) \cdot \cos^3 \gamma$$

Quedando finalmente:

$$L = \frac{I(C,\gamma) \cdot r(\beta,\gamma)}{h^2}$$

Y si el punto está iluminado por más de una lámpara, resulta:

$$L = \sum_{i=1}^{n} \frac{I(C_i, \gamma_i) \cdot r(\beta_i, \gamma_i)}{h_i^2}$$

Los valores de r $(\beta, \gamma)$ se encuentran tabulados o incorporados a programas de cálculo y dependen de las características de los pavimentos utilizados en la vía.

*Criterios de calidad*

Para determinar si una instalación es adecuada y cumple con todos los requisitos de seguridad y visibilidad necesarios se establecen una serie de parámetros que sirven como criterios de calidad. Son la luminancia media ($L_m$, $L_{AV}$), los coeficientes de uniformidad ($U_0$, $U_L$), el deslumbramiento (TI y G) y el coeficiente de iluminación de los alrededores (SR).

*Coeficientes de uniformidad*

Como criterios de calidad y evaluación de la uniformidad de la iluminación en la vía se analizan el rendimiento visual en términos del coeficiente global de uniformidad $U_0$ y la comodidad visual mediante el coeficiente longitudinal de uniformidad $U_L$ (medido a lo largo de la línea central).

$$U_0 = L_{min} / L_m \qquad\qquad U_L = L_{min} / L_{max}$$

## Lámparas y luminarias

Las lámparas son los aparatos encargados de generar la luz. En la actualidad, en alumbrado público se utilizan las lámparas de descarga frente a las lámparas incandescentes por sus mejores prestaciones y mayor ahorro energético y económico. Concretamente, se emplean las lámparas de vapor de mercurio a alta presión y las de vapor de sodio a baja y alta presión. Las luminarias, por contra, son aparatos destinados a alojar, soportar y proteger la lámpara y sus elementos auxiliares además de concentrar y dirigir el flujo luminoso de esta. Para ello, adoptan diversas formas aunque en alumbrado público predominan las de flujo asimétrico con las que se consigue una mayor superficie iluminada sobre la calzada. Las podemos encontrar montadas sobre postes, columnas o suspendidas sobre cables transversales a la calzada, en catenarias colgadas a lo largo de la vía o como proyectores en plazas y cruces. Antiguamente las luminarias se clasificaban según las denominaciones cut-off, semi cut-off y non cut-off.

| | Máximo valor permitido de la intensidad emitida para un ángulo de elevación | | Dirección de la intensidad máxima |
|---|---|---|---|
| | 80 ° | 90 ° | |
| Cut-off | $\leqslant$30 cd /1000 lm | $\leqslant$10 cd /1000 lm | $\leqslant$65 ° |

| Semi cut-off | ≤100 cd /1000 lm | ≤50 cd /1000 lm | ≤75 ° |
|---|---|---|---|
| Non cut-off | > 100 cd /1000 lm | > 50 cd /1000 lm | ≤90° |

## Clasificación para luminarias de alumbrado público (CIE 1965)

En la actualidad, las luminarias se clasifican según tres parámetros (alcance, dispersión y control) que dependen de sus características fotométricas. Los dos primeros nos informan sobre la distancia en que es capaz de iluminar la luminaria en las direcciones longitudinal y transversal respectivamente. Mientras, el control nos da una idea sobre el deslumbramiento que produce la luminaria a los usuarios. El alcance es la distancia, determinada por el ángulo $\gamma_{MAX}$, en que la luminaria es capaz de iluminar la calzada en dirección longitudinal. Este ángulo se calcula como el valor medio entre los dos ángulos correspondientes al 90% de $I_{MAX}$ que corresponden al plano donde la luminaria presenta el máximo de la intensidad luminosa.

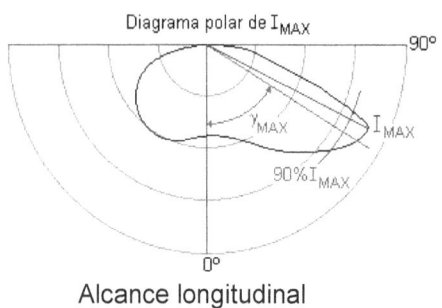

Alcance longitudinal

| Alcance corto | $\gamma_{MAX} < 60°$ |
|---|---|
| Alcance intermedio | $60° \leqslant \gamma_{MAX} \leqslant 70°$ |
| Alcance largo | $\gamma_{MAX} > 70°$ |

184

La dispersión es la distancia, determinada por el ángulo $\gamma_{90}$, en que es capaz de iluminar la luminaria en dirección transversal a la calzada. Se define como la recta tangente a la curva isocandela del 90% de $I_{MAX}$ proyectada sobre la calzada, que es paralela al eje de esta y se encuentra más alejada de la luminaria.

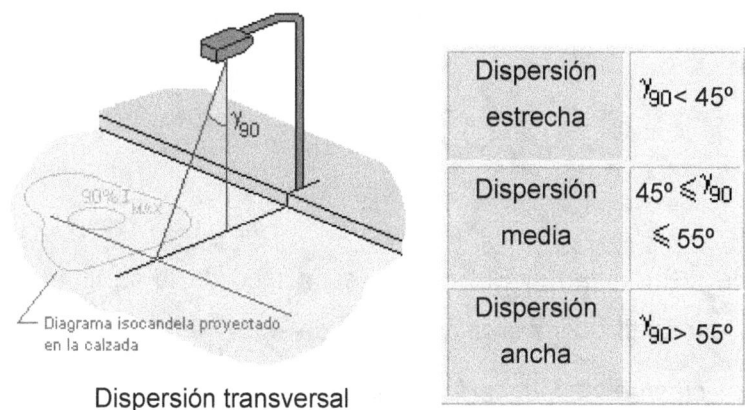

| Dispersión estrecha | $\gamma_{90} < 45°$ |
|---|---|
| Dispersión media | $45° \leqslant \gamma_{90}$ $\leqslant 55°$ |
| Dispersión ancha | $\gamma_{90} > 55°$ |

Dispersión transversal

Tanto el alcance como la dispersión pueden calcularse gráficamente a partir del diagrama isocandela relativo en proyección azimutal.

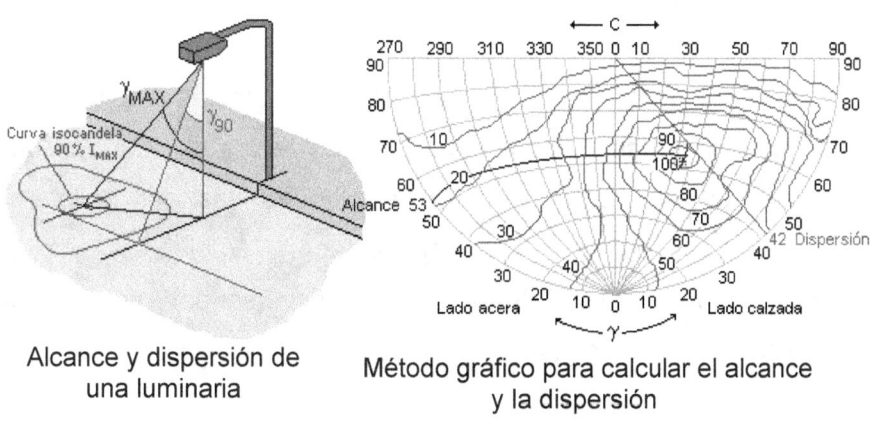

Alcance y dispersión de una luminaria

Método gráfico para calcular el alcance y la dispersión

185

Por último, el control nos da una idea de la capacidad de la luminaria para limitar el deslumbramiento que produce.

| | |
|---|---|
| Control limitado | SLI < 2 |
| Control medio | $2 \leqslant SLI \leqslant 4$ |
| Control intenso | SLI > 4 |

Donde la fórmula del SLI (índice específico de la luminaria) se calcula a partir de las características de esta.

*Disposición de las luminarias en la vía*

Para conseguir una buena iluminación, no basta con realizar los cálculos, debe proporcionarse información extra que oriente y advierta al conductor con suficiente antelación de las características y trazado de la vía. Así en curvas es recomendable situar las farolas en la exterior de la misma, en autopistas de varias calzadas ponerlas en la mediana o cambiar el color de las lámparas en las salidas. En los tramos rectos de vías con una única calzada existen tres disposiciones básicas: unilateral, bilateral tresbolillo y bilateral pareada. También es posible suspender la luminaria de un cable transversal pero sólo se usa en calles muy estrechas.

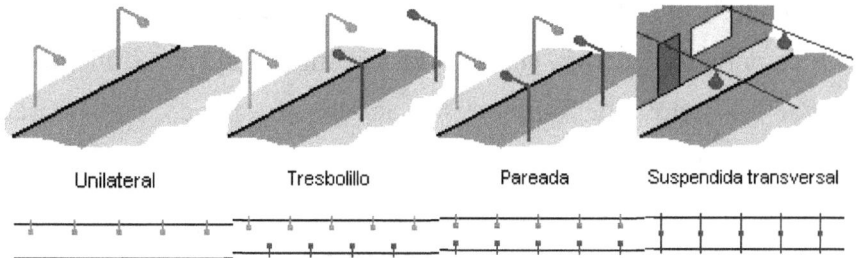

| | Unilateral | Tresbolillo | Pareada | Suspendida transversal |

La distribución unilateral se recomienda si la anchura de la vía es menor que la altura de montaje de las luminarias. La bilateral tresbolillo si está comprendida entre 1 y 1.5 veces la altura de montaje y la bilateral pareada si es mayor de 1.5.

| | Relación entre la anchura de la vía y la altura de montaje |
|---|---|
| Unilateral | A/H < 1 |
| Tresbolillo | 1 ⩽ A/H ⩽ 1.5 |
| Pareada | A/H > 1.5 |
| Suspendida | Calles muy estrechas |

En el caso de tramos rectos de vías con dos o más calzadas separadas por una mediana se pueden colocar las luminarias sobre la mediana o considerar las dos calzadas de forma independiente. Si la mediana es estrecha se pueden colocar farolas de doble brazo que dan una buena orientación visual y tienen muchas ventajas constructivas y de instalación por su simplicidad. Si la mediana es muy ancha es preferible tratar las calzadas de forma separada. Pueden combinarse los brazos dobles con la disposición al tresbolillo o aplicar iluminación

187

unilateral en cada una de ellas. En este último caso es recomendable poner las luminarias en el lado contrario a la mediana porque de esta forma incitamos al usuario a circular por el carril de la derecha.

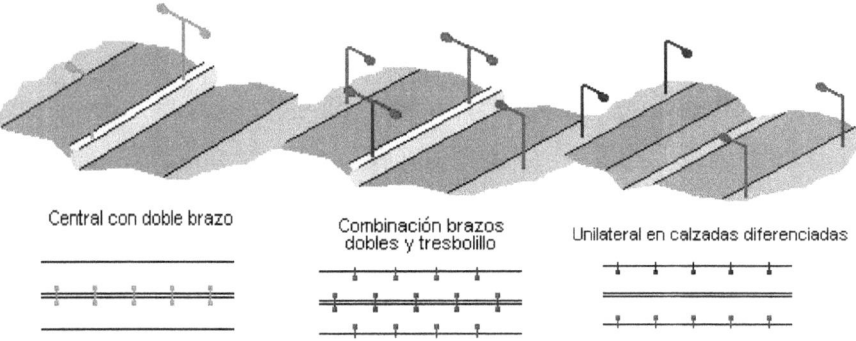

Central con doble brazo

Combinación brazos dobles y tresbolillo

Unilateral en calzadas diferenciadas

En tramos curvos las reglas a seguir son proporcionar una buena orientación visual y hacer menor la separación entre las luminarias cuanto menor sea el radio de la curva. Si la curvatura es grande (R>300 m) se considerará como un tramo recto. Si es pequeña y la anchura de la vía es menor de 1.5 veces la altura de las luminarias se adoptará una disposición unilateral por el lado exterior de la curva. En el caso contrario se recurrirá a una disposición bilateral pareada, nunca tresbolillo pues no informa sobre el trazado de la carretera.

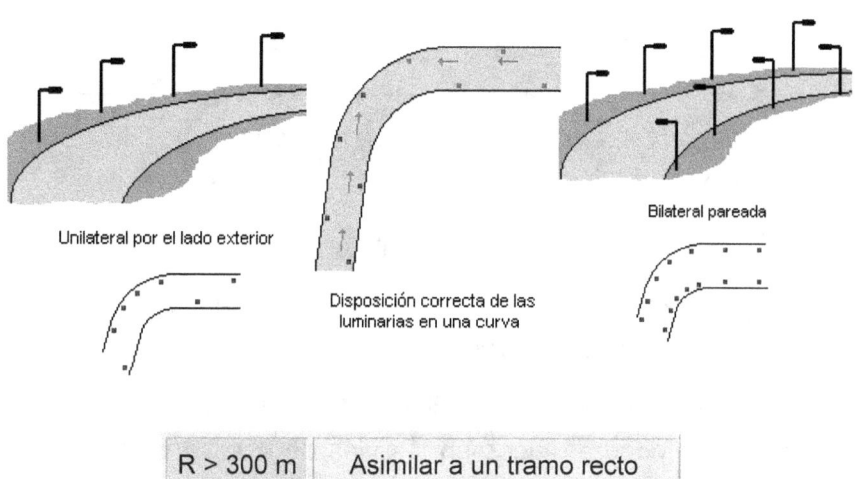

Unilateral por el lado exterior

Disposición correcta de las luminarias en una curva

Bilateral pareada

| R > 300 m | Asimilar a un tramo recto | |
|-----------|-----------|-----------|
| R < 300 m | A/H < 1.5 | Unilateral exterior |
| | A/H > 1.5 | Bilateral pareada |

En cruces conviene que el nivel de iluminación sea superior al de las vías que confluyen en él para mejorar la visibilidad. Asimismo, es recomendable situar las farolas en el lado derecho de la calzada y después del cruce. Si tiene forma de T hay que poner una luminaria al final de la calle que termina. En las salidas de autopistas conviene colocar luces de distinto color al de la vía principal para destacarlas. En cruces y bifurcaciones complicados es mejor recurrir a iluminación con proyectores situados en postes altos, más de 20 m, pues desorienta menos al conductor y proporciona una iluminación agradable y uniforme.

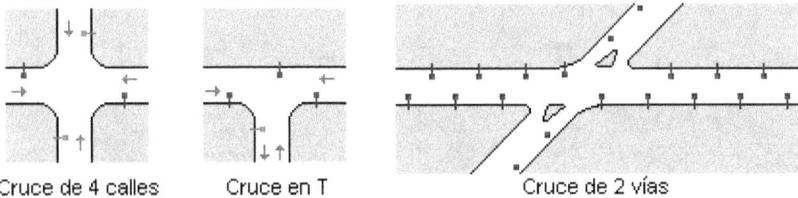

Cruce de 4 calles    Cruce en T    Cruce de 2 vías

En las plazas y glorietas se instalarán luminarias en el borde exterior de estas para que iluminen los accesos y salidas. La altura de los postes y el nivel de iluminación serán por lo menos igual al de la calle más importante que desemboque en ella. Además, se pondrán luces en las vías de acceso para que los vehículos vean a los peatones que crucen cuando abandonen la plaza. Si son pequeñas y el terraplén central no es muy grande ni tiene arbolado se puede iluminar con un poste alto multibrazo. En otros casos es mejor situar las luminarias en el borde del terraplén en las prolongaciones de las calles que desemboca en esta.

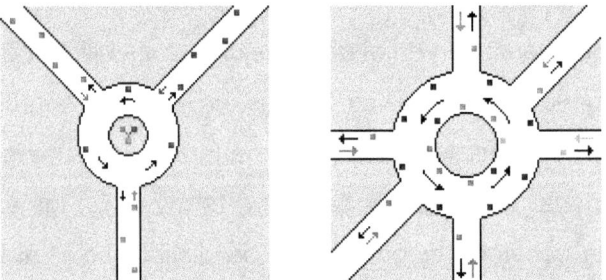

En los pasos de peatones las luminarias se colocarán antes de estos según el sentido de la marcha de tal manera que sea bien visible tanto por los peatones como por los conductores.

190

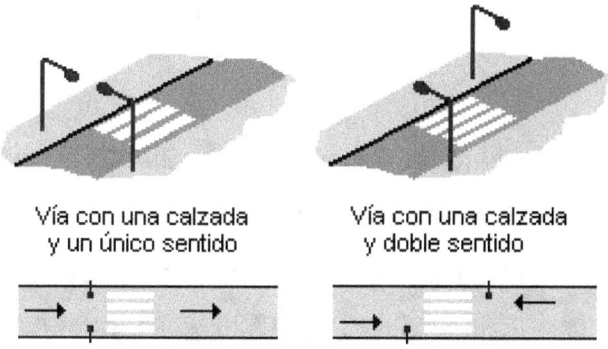

Vía con una calzada
y un único sentido

Vía con una calzada
y doble sentido

Por último, hay que considerar la presencia de árboles en la vía. Si estos son altos, de unos 8 a 10 metros, las luminarias se situarán a su misma altura. Pero si son pequeños las farolas usadas serán más altas que estos, de 12 a 15 m de altura. En ambos casos es recomendable una poda periódica de los árboles.

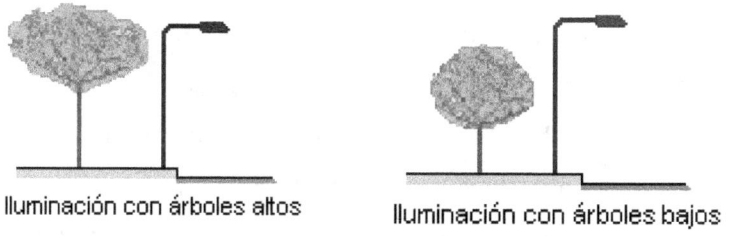

Iluminación con árboles altos          Iluminación con árboles bajos

## Guía técnica de aplicación instalaciones de alumbrado exterior (Guía-bt-09)

Instrucción Técnica Complementaria para Baja Tensión: ITC-BT-09 Instalaciones de alumbrado exterior

ITC-BT-09 del Reglamento electrotécnico para baja tensión aprobado por REAL DECRETO 842/2002, de 2 de agosto. BOE núm. 224 del miércoles 18 de septiembre.

Departamento emisor: Ministerio de Ciencia y Tecnología.

## 1. CAMPO DE APLICACIÓN

Esta instrucción complementaria, se aplicará a las instalaciones de alumbrado exterior, destinadas a iluminar zonas de dominio público o privado, tales como autopistas, carreteras, calles, plazas, parques, jardines, pasos elevados o subterráneos para vehículos o personas, caminos, etc. Igualmente se incluyen las instalaciones de alumbrado para cabinas telefónicas, anuncios publicitarios, mobiliario urbano en general, monumentos o similares así como todos receptores que se conecten a la red de alumbrado exterior. Se excluyen del ámbito de aplicación de esta instrucción la instalación para la iluminación de fuentes y piscinas y las de tos semáforos y las balizas, cuando sean completamente autónomos.

## 2. ACOMETIDAS DESDE LAS REDES DE DISTRIBUCIÓN DE LA COMPAÑÍA SUMINISTRADORA

La acometida podrá ser subterránea o aérea con cables aislados, y se realizará de acuerdo con las prescripciones particulares de la compañía suministradora, aprobadas según lo previsto en este Reglamento para este tipo de instalaciones.

La acometida finalizará en la caja general de protección y a continuación de la misma se dispondrá el equipo de medida.

## 3. DIMENSIONAMIENTO DE LAS INSTALACIONES

Las líneas de alimentación a puntos de luz con lámparas o tubos de descarga, estarán previstas para transportar la carga debida a los propios receptores, a sus elementos asociados, a sus corrientes armónicas, de arranque y desequilibrio de fases. Cómo consecuencia, la potencia aparente mínima en VA, se considerará 1,8 veces la potencia en vatios de las lámparas o tubos de descarga.

Cuando se conozca la carga que supone cada uno de los elementos asociados a las lámparas o tubos de descarga, las corrientes armónicas, de arranque y desequilibrio de fases; que tanto éstas como aquellos puedan producir, se les aplicará el coeficiente corrector calculado con estos valores.

Además de lo indicado en párrafos anteriores, el factor de potencia de cada punto de luz, deberá corregirse hasta un valor mayor o igual a 0,90. La máxima caída de tensión entré el origen de la instalación y cualquier otro punto de la instalación, será menor o igual que 3%.

Con el fin de conseguir ahorros energéticos y siempre que sea posible, las instalaciones de alumbrado público se proyectarán con distintos niveles de iluminación, de forma que ésta decrezca durante las horas de menor necesidad de iluminación.

## 4. CUADROS DE PROTECCIÓN, MEDIDA Y CONTROL

Las líneas de alimentación a los puntos de luz y de control, cuando existan, partirán desde un cuadro de protección y control; las líneas estarán protegidas individualmente, con corte omnipolar, en este cuadro, tanto contra sobreintensidades (sobrecargas y cortocircuitos), como contra corrientes de defecto a tierra y contra sobretensiones cuándo los equipos instalados lo precisen. La intensidad de defecto, umbral de desconexión dé los interruptores diferenciales, que podrán ser de reenganche automático, será como máximo de 300 mA y la resistencia de puesta a tierra, medida en la puesta en servicio de la instalación, será como máximo de 30 $\Omega$ No obstante se admitirán interruptores diferenciales de intensidad máxima de 500 mA o 1 A, siempre que la resistencia de puesta a tierra medida en la puesta en servicio de la instalación sea inferior o igual a 5 $\Omega$ y a 1 $\Omega$ respectivamente.

Si el sistema de accionamiento del alumbrado se realiza con interruptores horarios o fotoeléctricos, se dispondrá además de un interruptor manual que permita el accionamiento del sistema, con independencia de los dispositivos citados.

La envolvente del cuadro, proporcionará un grado de protección mínima IP55 según UNE 20324 e IK10 según UNE-EN 50102 y dispondrá de un sistema de cierre que permita el acceso exclusivo al mismo; del personal autorizado, con su puerta de acceso situada a una altura comprendida entre 2m y 0,3 m. Los elementos de medidas estarán situados en un módulo independiente.

Las partes metálicas del cuadro irán conectadas a tierra.

## 5. REDES DE ALIMENTACIÓN

1. Cables: Los cables serán multipolares o unipolares con conductores de cobre y tensión asignada de 0,6/1 kV.

El conductor neutro de cada circuito que parte del cuadro, no podrá ser utilizado por ningún otro circuito.

2. Tipos

    1. *Redes subterráneas*

Se emplearán sistemas y materiales análogos a los de las redes subterráneas de distribución reguladas en la ITC-BT-07. Los cables serán de las características especificadas en la UNE 21123 e irán entubados; los tubos para las canalizaciones subterráneas deben ser los indicados en la ITC-BT-21 y el grado de protección mecánica el indicado en dicha instrucción, y podrán ir hormigonados en zanja o no. Cuando vayan hormigonados el grado de resistencia al impacto será ligero según UNE-EN 50089-2-4.

Los tubos irán enterrados a una profundidad mínima de 0,4 m. del nivel del suelo medidos desde la cota inferior del tubo y su diámetro interior no será inferior a 60 mm.

Se colocará una cinta de señalización que advierta de la existencia de cables de alumbrado exterior, situada a una distancia mínima del nivel del suelo de 0,10 m y a 0,25 m por encima del tubo.

En los cruzamientos de calzadas, la canalización; además de entubada, irá hormigonada y se instalará como mínimo un tubo de reserva.

La sección mínima a emplear en los conductores de los cables, incluido el neutro, será de 6 mm². En distribuciones trifásicas tetrapolares, para conductores de fase de sección superior a 6 mm²; la sección del neutro será conforme a lo indicado en la tabla 1 de la ITC-BT-07.

Los empalmes y derivaciones deberán realizarse en cajas de bornes adecuadas, situadas dentro de los soportes de las luminarias, y a una altura mínima de 0,3 m sobre el nivel del suelo o en una arqueta registrable, que garanticen, en ambos casos, la continuidad, el aislamiento Y la estanqueidad del conductor.

2. *Redes aéreas*

Se emplearán los sistemas y materiales adecuados para las redes aéreas aisladas descritas en la ITC-BT-06.

Podrán estar constituidas por cables posados sobre fachadas o tensados sobre apoyos. En este último caso, los cables serán autoportantes con neutro fiador o con fiador de acero.

La sección mínima a emplear, para todos los conductores incluido el neutro, será de 4 mm². En distribuciones trifásicas tetrapolares con conductores de fase de sección superior a 10 mm², la sección del neutro será como mínimo la mitad de la sección de fase. En caso de ir sobre apoyos comunes con los de una red de distribución, el tendido de los cables de alumbrado será independiente de aquel.

### 3. *Redes de control y auxiliares*

Se emplearán sistemas y materiales similares a los indicados para los circuitos de alimentación, la sección mínima de los conductores será 2,5 mm$^2$.

## 6. SOPORTES DE LUMINARIAS

### 1. Características

Los soportes de las luminarias de alumbrado exterior, se ajustarán a la normativa vigente (en el caso de que sean de acero deberán cumplir el RD 2642/85, RD 401/89, OM de 16/5/89). Serán de materiales resistentes a las acciones de la intemperie o estarán debidamente protegidas contra éstas, no debiendo permitir la entrada de agua de lluvia ni la acumulación del agua de condensación. Los soportes, sus anclajes y cimentaciones, se dimensionarán de forma que resistan las solicitaciones mecánicas, particularmente teniendo en cuenta la acción del viento, con un coeficiente de seguridad no inferior a 2,5, considerando las luminarias completas instaladas en el soporte.

Los soportes que lo requieran, deberán poseer una abertura de dimensiones adecuadas al equipo eléctrico para acceder a los elementos de protección y maniobra; la parte inferior de dicha abertura estará situada, como mínimo, a 0,30 m de la rasante, y estará dotada de puerta o trampilla con grado de protección IP 44 según UNE 20324 (EN 60529) e IK10 según UNE 50102 La puerta

197

o trampilla solamente se podrá abrir mediante el empleo de útiles especiales y dispondrá de un borne de tierra cuando sea metálica.

Cuando por su situación o dimensiones, las columnas fijadas o incorporadas a obras de fábrica no permitan la instalación de los elementos de protección y maniobra en la base, podrán colocarse éstos en la parte superior, en lugar apropiado o en el interior de la obra de fábrica.

2. Instalación eléctrica

En la instalación eléctrica en el interior de los soportes, se deberán respetar los siguientes aspectos:

- o Los conductores serán de cobre, de sección mínima 2,5 mm$^2$ y de tensión asignada 0,6/1kV, como mínimo; no existirán empalmes en el interior de los soportes.

- o En los puntos de entrada de los cables al interior de los soportes, los cables tendrán una protección suplementaria de material aislante mediante la prolongación del tubo u otro sistema que lo garantice.

- o La conexión a los terminales, estará hecha de forma que no ejerza sobre los conductores ningún esfuerzo de tracción. Para las conexiones de los conductores de la red con los del soporte, se utilizarán elementos de derivación que contendrán los bornes apropiados, en número y tipo, así como

198

los elementos de protección necesarios para el punto de luz.

## 7. LUMINARIAS

### 1. Características

Las luminarias utilizadas en el alumbrado exterior serán conformes la norma UNE-EN 60598 y la UNE-EN 60598 -2-5 en el caso de proyectores de exterior.

### 2. Instalación eléctrica de luminarias suspendidas.

La conexión se realizará mediante cables flexibles, que penetren en la luminaria con la holgura suficiente para evitar que las oscilaciones de ésta provoquen esfuerzos perjudiciales en los cables y en los terminales de conexión, utilizándose dispositivos que no disminuyan el grado de protección de luminaria IP X3 según UNE 20324

La suspensión de las luminarias se hará mediante cables de acero protegido contra la corrosión, de sección suficiente para que posea una resistencia mecánica con coeficiente de seguridad de no inferior a 3,5. La altura mínima sobre el nivel del suelo será de 6 m.

## 8. EQUIPOS ELÉCTRICOS DE LOS PUNTOS DE LUZ

Podrán ser de tipo interior o exterior; y su instalación será la adecuada al tipo utilizado. Los equipos eléctricos para montaje exterior poseerán un grado de protección mínima IP54, según UNE 20324 e IK 8 según UNE-EN 50102 e irán montados a una altura mínima de 2,5 m sobre el nivel del suelo, las entradas y salidas de cables serán por la parte inferior de la envolvente.

Cada punto de luz deberá tener compensado individualmente el factor de potencia para que sea igual o superior a 0,90; asimismo deberá estar protegido contra sobreintensidades.

## 9. PROTECCIÓN CONTRA CONTACTOS DIRECTOS E INDIRECTOS

*Las luminarias serán de Clase I o de Clase II*

Las partes metálicas accesibles de los soportes de luminarias estarán conectadas a tierra. Se excluyen de esta prescripción aquellas partes metálicas que, teniendo un doble aislamiento, no sean accesibles al público en general. Para el acceso al interior de las luminarias que, estén instaladas a una altura inferior a 3 m sobre el suelo o en un espacio accesible al público, se requerirá el empleo de útiles especiales. Las partes metálicas de los quioscos, marquesinas, cabinas telefónicas, paneles de anuncios y demás elementos de mobiliario urbano, que estén a una distancia inferior a 2 m de las partes metálicas de la instalación de alumbrado exterior y que sean susceptibles de ser tocadas simultáneamente, deberán estar puestas a tierra.

Cuando las luminarias sean de Clase I, deberán estar conectadas al punto de puesta a tierra del soporte, mediante cable unipolar aislado de tensión asignada 450/750V con recubrimiento de color verde-amarillo y sección mínima 2,5 mm$^2$ en cobre.

## 10. PUESTAS A TIERRA

La máxima resistencia de puesta a tierra será tal que, a lo largo de la vida dé la instalación y en cualquier época del año, no se puedan producir tensiones de contacto mayores de 24 V, en las partes metálicas accesibles de la instalación (soportes, cuadros metálicos, etc.).

La puesta a tierra de los soportes se realizará por conexión a una red de tierra común para todas las líneas que partan del mismo cuadro de protección, medida y control. En las redes de tierra, se instalará como mínimo un electrodo de puesta a tierra cada 5 soportes de luminarias, y siempre en el primero y en el último soporte de cada línea. Los conductores de la red de tierra que unen los electrodos deberán ser:

- Desnudos, de cobre, de 35 mm$^2$ de sección mínima, si forman parte de la propia red de tierra, en cuyo caso irán por fuera de las canalizaciones de los cables de alimentación.

- Aislados, mediante cables de tensión asignada 450/750V, con recubrimiento de color verde-amarillo, con conductores de cobre, de sección mínima 16 mm$^2$ para redes subterráneas, y de igual sección que los conductores de fase para las redes posadas, en cuyo caso irán por el interior de las canalizaciones de los cables de alimentación.

El conductor de protección que une cada soporte con el electrodo o con la red de tierra, será de cable unipolar aislado, de tensión asignada 450/750 V, con recubrimiento de color verde-amarillo, y sección mínima de 16 mm² de cobre.

Todas las conexiones de los circuitos de tierra, se realizarán mediante terminales, grapas, soldadura o elementos apropiados que garanticen un buen contacto permanente y protegido contra la corrosión.

## Esquemas de conexiones de lámparas utilizadas en alumbrado exterior

### Tipos de Lámparas y luminarias

Las lámparas son los aparatos encargados de generar la luz. En la actualidad, en alumbrado público se utilizan:

### Las lámparas de descarga

Las lámparas de descarga constituyen una forma alternativa de producir luz de una manera más eficiente y económica que las lámparas incandescentes. Por eso, su uso está tan extendido hoy en día. La luz emitida se consigue por excitación de un gas sometido a descargas eléctricas entre dos electrodos. Según el gas contenido en la lámpara y la presión a la que esté sometido tendremos diferentes tipos de lámparas, cada una de ellas con sus propias características luminosas.

*Funcionamiento*

En las lámparas de descarga, la luz se consigue estableciendo una corriente eléctrica entre dos electrodos situados en un tubo lleno con un gas o vapor ionizado.

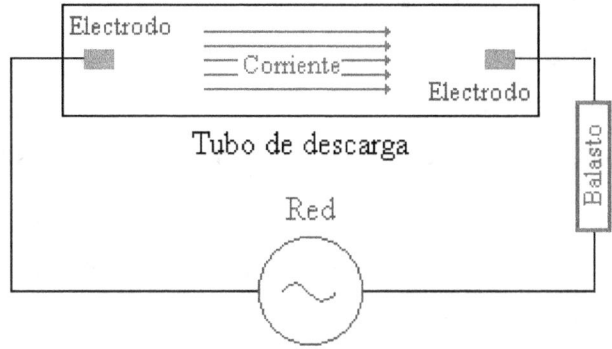

*Elementos auxiliares*

Para que las lámparas de descarga funcionen correctamente es necesario, en la mayoría de los casos, la presencia de unos elementos auxiliares: cebadores y balastos. Los cebadores o ignitores son dispositivos que suministran un breve pico de tensión entre los electrodos del tubo, necesario para iniciar la descarga y vencer así la resistencia inicial del gas a la corriente eléctrica. Tras el encendido, continua un periodo transitorio durante el cual el gas se estabiliza y que se caracteriza por un consumo de potencia superior al nominal.

Los balastos, por contra, son dispositivos que sirven para limitar la corriente que atraviesa la lámpara y evitar así un exceso de electrones circulando por el gas que aumentaría el valor de la corriente hasta producir la destrucción de la lámpara.

*Eficacia*

Al establecer la eficacia de este tipo de lámparas hay que diferenciar entre la eficacia de la fuente de luz y la de los elementos auxiliares necesarios para su funcionamiento que depende del fabricante. En las lámparas, las pérdidas se centran en dos aspectos: las pérdidas por calor y las pérdidas por radiaciones no visibles (ultravioleta e infrarrojo). El porcentaje de cada tipo dependerá de la clase de lámpara con que trabajemos.

La eficacia de las lámparas de descarga oscila entre los 19-28 lm/W de las lámparas de luz de mezcla y los 100-183 lm/W de las de sodio a baja presión.

*Características de duración*

Hay dos aspectos básicos que afectan a la duración de las lámparas. El primero es la depreciación del flujo. Este se produce por ennegrecimiento de la superficie de la superficie del tubo  donde se va depositando el material emisor de electrones que recubre los electrodos. En aquellas lámparas que usan sustancias fluorescentes otro factor es la pérdida gradual de la eficacia de estas sustancias.

El segundo es el deterioro de los componentes de la lámpara que se debe a la degradación de los electrodos por agotamiento del material emisor que los recubre. Otras causas son un cambio gradual de la composición del gas de relleno y las fugas de gas en lámparas a alta presión.

*Partes de una lámpara*

Las formas de las lámparas de descarga varían según la clase de lámpara con que tratemos. De todas maneras, todas tienen una serie de elementos en común como el tubo de descarga, los electrodos, la ampolla exterior o el casquillo.

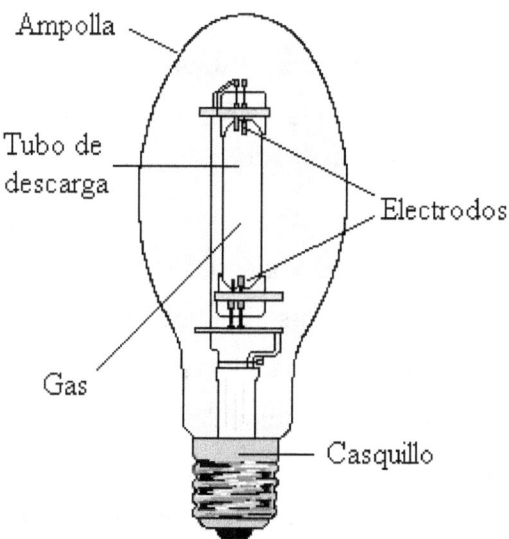

Principales partes de una lámpara de descarga

## Las lámparas incandescentes

Las lámparas incandescentes fueron la primera forma de generar luz a partir de la energía eléctrica. Desde que fueran inventadas, la tecnología ha cambiado mucho produciéndose sustanciosos avances en la cantidad de luz producida, el consumo y la duración de las lámparas. Su principio de funcionamiento es simple, se pasa una corriente eléctrica por un filamento hasta que este alcanza una temperatura tan alta que emite radiaciones visibles por el ojo humano.

*La incandescencia*

Todos los cuerpos calientes emiten energía en forma de radiación electromagnética. Mientras más alta sea su temperatura mayor será la energía emitida y la porción del espectro electromagnético ocupado por las radiaciones emitidas. Si el cuerpo pasa la temperatura de incandescencia una buena parte de estas radiaciones caerán en la zona visible del espectro y obtendremos luz. La incandescencia se puede obtener de dos maneras. La primera es por combustión de alguna sustancia, ya sea sólida como una antorcha de madera, líquida como en una lámpara de aceite o gaseosa como en las lámparas de gas. La segunda es pasando una corriente eléctrica a través de un hilo conductor muy delgado como ocurre en las bombillas corrientes. Tanto de una forma como de otra, obtenemos luz y calor (ya sea calentando las moléculas de aire o por radiaciones infrarrojas). En general los rendimientos de este tipo de lámparas son bajos debido a que la mayor parte de la energía consumida se convierte en calor.

*Rendimiento de una lámpara incandescente*

La producción de luz mediante la incandescencia tiene una ventaja adicional, y es que la luz emitida contiene todas las longitudes de onda que forman la luz visible o dicho de otra manera, su espectro de emisiones es continuo. De esta manera se garantiza una buena reproducción de los colores de los objetos iluminados.

*Características de duración*

La duración de una lámpara viene determinada básicamente por la temperatura de trabajo del filamento. Mientras más alta sea esta, mayor será el flujo luminoso pero también la velocidad de evaporación del material que forma el filamento. Las partículas evaporadas, cuando entren en contacto con las paredes se depositarán sobre estas, ennegreciendo la ampolla. De esta manera se verá reducido el flujo luminoso por ensuciamiento de la ampolla. Pero, además, el filamento se habrá vuelto más delgado por la evaporación del tungsteno que lo forma y se reducirá, en consecuencia, la corriente eléctrica que pasa por él, la temperatura de trabajo y el flujo luminoso. Esto seguirá ocurriendo hasta que finalmente se rompa el filamento. A este proceso se le conoce como depreciación luminosa.

Para determinar la vida de una lámpara disponemos de diferentes parámetros según las condiciones de uso definidas.

- La vida individual es el tiempo transcurrido en horas hasta que una lámpara se estropea, trabajando en unas condiciones determinadas.

- La vida promedio es el tiempo transcurrido hasta que se produce el fallo de la mitad de las lámparas de un lote representativo de una instalación, trabajando en unas condiciones determinadas.

- La vida útil es el tiempo estimado en horas tras el cual es preferible sustituir un conjunto de lámparas de una instalación a mantenerlas. Esto se hace por motivos económicos y para evitar una disminución excesiva en los niveles de iluminación en la instalación debido a la depreciación que sufre el flujo luminoso con el tiempo. Este valor sirve para establecer los periodos de reposición de las lámparas de una instalación.

- La vida media es el tiempo medio que resulta tras el análisis y ensayo de un lote de lámparas trabajando en unas condiciones determinadas. La duración de las lámparas incandescentes está normalizada; siendo de unas 1000 horas para las normales, para las halógenas es de 2000 horas.

*Partes de una lámpara*

Las lámparas incandescentes están formadas por un hilo de wolframio que se calienta por efecto Joule alcanzando temperaturas tan elevadas que empieza a emitir luz visible. Para evitar que el filamento se queme en contacto con el aire, se rodea con una ampolla de vidrio a la que se le ha hecho el vacío o se ha rellenado con un gas. El conjunto se completa con unos elementos con funciones de soporte y conducción de la corriente eléctrica y un casquillo normalizado que sirve para conectar la lámpara a la luminaria.

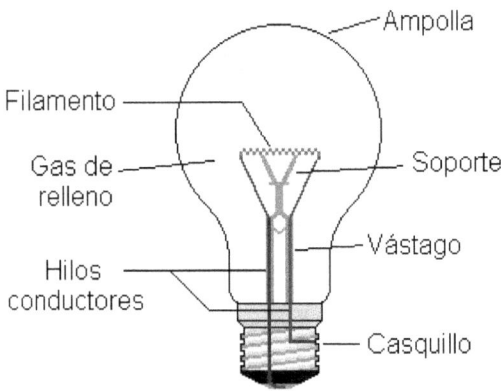

Partes de una bombilla

# Lámparas de vapor de mercurio

## Lámparas fluorescentes

Las lámparas fluorescentes son lámparas de vapor de mercurio a baja presión (0.8 Pa). En estas condiciones, en el espectro de emisión del mercurio predominan las radiaciones ultravioletas en la banda de 253.7 nm. Para que estas radiaciones sean útiles, se recubren las paredes interiores del tubo con polvos fluorescentes que convierten los rayos ultravioletas en radiaciones visibles. De la composición de estas sustancias dependerán la cantidad y calidad de la luz, y las cualidades cromáticas de la lámpara. En la actualidad se usan dos tipos de polvos; los que producen un espectro continuo y los trifósforos que emiten un espectro de tres bandas con los colores primarios. De la combinación estos tres colores se obtiene una luz blanca que ofrece un buen rendimiento de color sin penalizar la eficiencia como ocurre en el caso del espectro continuo.

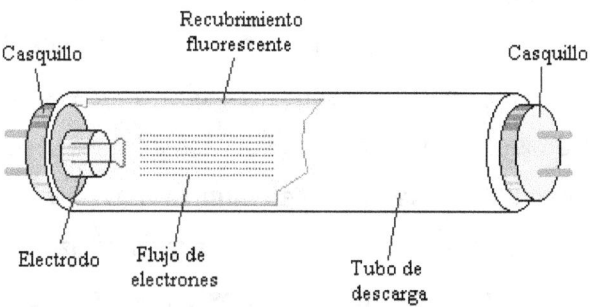

Lámpara fluorescente

Las lámparas fluorescentes se caracterizan por carecer de ampolla exterior. Están formadas por un tubo de diámetro normalizado, normalmente cilíndrico, cerrado en cada extremo con un casquillo de dos contactos donde se alojan los electrodos. El tubo de descarga está relleno con vapor de mercurio a baja presión y una pequeña cantidad de un gas inerte que sirve para facilitar el encendido y controlar la descarga de electrones. La eficacia de estas lámparas depende de muchos factores: potencia de la lámpara, tipo y presión del gas de relleno, propiedades de la sustancia fluorescente que recubre el tubo, temperatura ambiente... Esta última es muy importante porque determina la presión del gas y en último término el flujo de la lámpara. La eficacia oscila entre los 38 y 91 lm/W dependiendo de las características de cada lámpara. La duración de estas lámparas se sitúa entre 5000 y 7000 horas. Su vida termina cuando el desgaste sufrido por la sustancia emisora que recubre los electrodos, hecho que se incrementa con el número de encendidos, impide el encendido al necesitarse una tensión de ruptura superior a la suministrada por la red. Además de esto, hemos de considerar la depreciación del flujo provocada por la pérdida de eficacia de los polvos fluorescentes y el ennegrecimiento de las paredes del tubo donde se deposita la sustancia emisora. Las lámparas fluorescentes necesitan para su funcionamiento la presencia de elementos auxiliares. Para limitar la corriente que atraviesa el tubo de descarga utilizan el balasto y para el encendido existen varias posibilidades que se pueden resumir en arranque con cebador o sin él. En el primer caso, el cebador se utiliza para calentar los electrodos antes de someterlos a la tensión de arranque. En el segundo caso tenemos las lámparas de arranque rápido en las que se calientan continuamente los electrodos y las de arranque instantáneo en que la ignición se consigue aplicando una tensión elevada. Más modernamente han aparecido las lámparas fluorescentes compactas que llevan incorporado el balasto y el cebador. Son lámparas pequeñas con casquillo de rosca o bayoneta pensadas para sustituir a las lámparas incandescentes con ahorros de hasta el 70% de energía y unas buenas prestaciones.

## Lámparas de vapor de mercurio a alta presión

A medida que aumentamos la presión del vapor de mercurio en el interior del tubo de descarga, la radiación ultravioleta característica de la lámpara a baja presión pierde importancia respecto a las emisiones en la zona visible (violeta de 404.7 nm, azul 435.8 nm, verde 546.1 nm y amarillo 579 nm). En estas condiciones la luz emitida, de color azul verdoso, no contiene radiaciones rojas. Para resolver este problema se acostumbra a añadir sustancias fluorescentes que emitan en esta zona del espectro. De esta manera se mejoran las características cromáticas de la lámpara. La temperatura de color se mueve entre 3500 y 4500 K con índices de rendimiento en color de 40 a 45 normalmente. La vida útil, teniendo en cuenta la depreciación se establece en unas 8000 horas. La eficacia oscila entre 40 y 60 lm/W y aumenta con la potencia, aunque para una misma potencia es posible incrementar la eficacia añadiendo un recubrimiento de polvos fosforescentes que conviertan la luz ultravioleta en visible. Los modelo más habituales de estas lámparas tienen una tensión de encendido entre 150 y 180 V que permite conectarlas a la red de 220 V sin necesidad de elementos auxiliares. Para encenderlas se recurre a un electrodo auxiliar próximo a uno de los electrodos principales que ioniza el gas inerte contenido en el tubo y facilita el inicio de la descarga entre los electrodos principales. A continuación se inicia un periodo transitorio de unos cuatro minutos, caracterizado porque la luz pasa de un tono violeta a blanco azulado, en el que se produce la vaporización del mercurio y un incremento progresivo de la presión del vapor y el flujo luminoso hasta alcanzar los valores normales. Si en estos momentos se apagara la lámpara no sería posible su reencendido hasta que se enfriara, puesto que la alta presión del mercurio haría necesaria una tensión de ruptura muy alta.

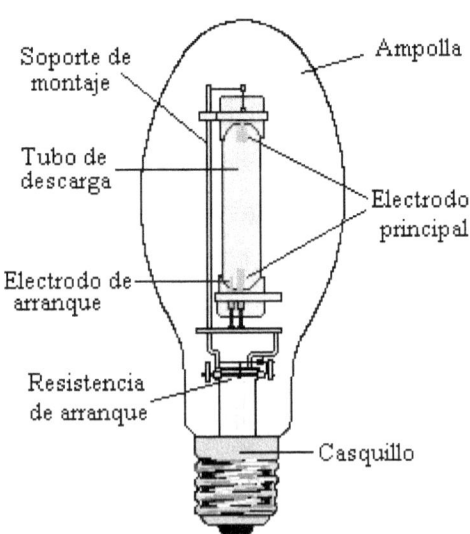

Lámpara de mercurio a alta presión

## Lámparas de luz de mezcla

Las lámparas de luz de mezcla son una combinación de una lámpara de mercurio a alta presión con una lámpara incandescente y, habitualmente, un recubrimiento fosforescente.

El resultado de esta mezcla es la superposición, al espectro del mercurio, del espectro continuo característico de la lámpara incandescente y las radiaciones rojas provenientes de la fosforescencia.

Su eficacia se sitúa entre 20 y 60 lm/W y es el resultado de la combinación de la eficacia de una lámpara incandescente con la de una lámpara de descarga. Estas lámparas ofrecen una buena reproducción del color con un rendimiento en color de 60 y una temperatura de color de 3600 K.

La duración viene limitada por el tiempo de vida del filamento que es la principal causa de fallo. Respecto a la depreciación del flujo hay que considerar dos causas.

Por un lado tenemos el ennegrecimiento de la ampolla por culpa del wolframio evaporado y por otro la pérdida de eficacia de los polvos fosforescentes. En general, la vida media se sitúa en torno a las 6000 horas.

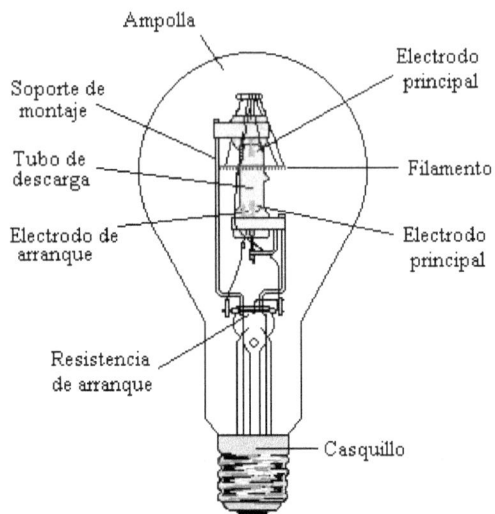

Una particularidad de estas lámparas es que no necesitan balasto ya que el propio filamento actúa como estabilizador de la corriente. Esto las hace adecuadas para sustituir las lámparas incandescentes sin necesidad de modificar las instalaciones.

**Lámparas con halogenuros metálicos**

Si añadimos en el tubo de descarga yoduros metálicos (sodio, talio, indio) se consigue mejorar considerablemente la capacidad de reproducir el color de la lámpara de vapor de mercurio. Cada una de estas sustancias aporta nuevas líneas al espectro (por ejemplo amarillo el sodio, verde el talio y rojo y azul el indio).Los resultados de estas aportaciones son una temperatura de color de 3000 a 6000 K dependiendo de los yoduros añadidos y un rendimiento del color de entre 65 y 85. La eficiencia de estas lámparas ronda entre los 60 y 96 lm/W y su vida media es de unas 10000 horas. Tienen un periodo de encendido de unos diez minutos, que es el tiempo necesario hasta que se estabiliza la descarga. Para su funcionamiento es necesario un dispositivo especial de encendido, puesto que las tensiones de arranque son muy elevadas (1500-5000 V).

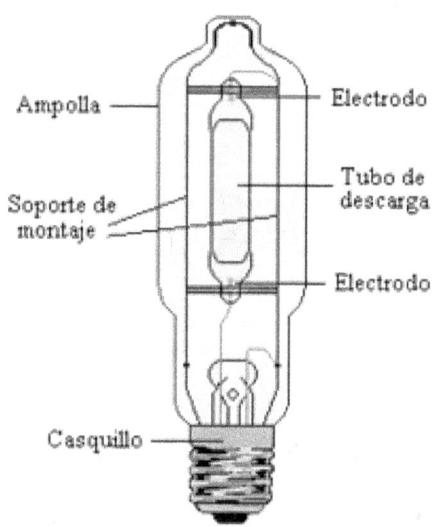

Lámpara con halogenuros metálicos

Las excelentes prestaciones cromáticas la hacen adecuada entre otras para la iluminación de instalaciones deportivas, para retransmisiones de TV, estudios de cine, proyectores, etc.

### Lámparas de Vapor de sodio a baja presión

La vida media de estas lámparas es muy elevada, de unas 15000 horas y la depreciación de flujo luminoso que sufren a lo largo de su vida es muy baja por lo que su vida útil es de entre 6000 y 8000 horas. Esto junto a su alta eficiencia y las ventajas visuales que ofrece la hacen muy adecuada para usos de alumbrado público, aunque también se utiliza con finalidades decorativas. En cuanto al final de su vida útil, este se produce por agotamiento de la sustancia emisora de electrones como ocurre en otras lámparas de descarga. Aunque también se puede producir por deterioro del tubo de descarga o de la ampolla exterior.

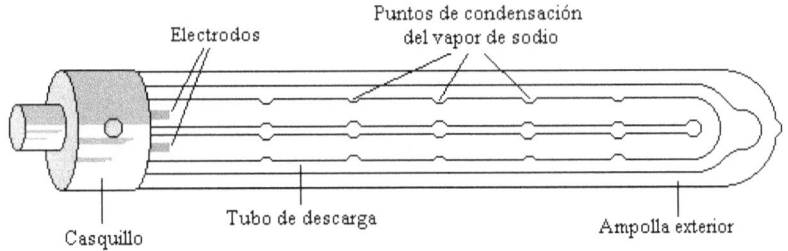

## Lámpara de vapor de sodio a baja presión

En estas lámparas el tubo de descarga tiene forma de U para disminuir las pérdidas por calor y reducir el tamaño de la lámpara. Está elaborado de materiales muy resistentes pues el sodio es muy corrosivo y se le practican unas pequeñas hendiduras para facilitar la concentración del sodio y que se vaporice a la temperatura menor posible. El tubo está encerrado en una ampolla en la que se ha practicado el vacío con objeto de aumentar el aislamiento térmico. De esta manera se ayuda a mantener la elevada temperatura de funcionamiento necesaria en la pared del tubo (270 ºC). El tiempo de arranque de una lámpara de este tipo es de unos diez minutos. Es el tiempo necesario desde que se inicia la descarga en el tubo en una mezcla de gases inertes (neón y argón) hasta que se vaporiza todo el sodio y

216

comienza a emitir luz. Físicamente esto se corresponde a pasar de una luz roja (propia del neón) a la amarilla característica del sodio. Se procede así para reducir la tensión de encendido.

**Lámparas de vapor de sodio a alta presión**

Las lámparas de vapor de sodio a alta presión tienen una distribución espectral que abarca casi todo el espectro visible proporcionando una luz blanca dorada mucho más agradable que la proporcionada por las lámparas de baja presión. La vida media de este tipo de lámparas ronda las 20000 horas y su vida útil entre 8000 y 12000 horas. Entre las causas que limitan la duración de la lámpara, además de mencionar la depreciación del flujo tenemos que hablar del fallo por fugas en el tubo de descarga y del incremento progresivo de la tensión de encendido necesaria hasta niveles que impiden su correcto funcionamiento.

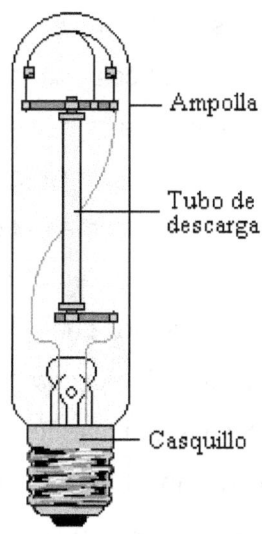

Ampolla

Tubo de descarga

Casquillo

Las condiciones de funcionamiento son muy exigentes debido a las altas temperaturas (1000 ºC), la presión y las agresiones químicas producidas por el sodio que debe soportar el tubo de descarga. En su interior hay una mezcla de sodio, vapor de mercurio que actúa como amortiguador de la descarga y xenón que sirve para facilitar el arranque y reducir las pérdidas térmicas. El tubo está rodeado por una ampolla en la que se ha hecho el vacío. La tensión de encendido de estas lámparas es muy elevada y su tiempo de arranque es muy breve. Este tipo de lámparas tienen muchos usos posibles tanto en iluminación de interiores como de exteriores. Algunos ejemplos son en iluminación de naves industriales, alumbrado público o iluminación decorativa.

**Luminarias**

Las luminarias son aparatos que sirven de soporte y conexión a la red eléctrica a las lámparas. Como esto no basta para que cumplan eficientemente su función, es necesario que cumplan una serie de características ópticas, mecánicas y eléctricas entre otras. A nivel de óptica, la luminaria es responsable del control y la distribución de la luz emitida por la lámpara. Es importante, pues, que en el diseño de su sistema óptico se cuide la forma y distribución de la luz, el rendimiento del conjunto lámpara-luminaria y el deslumbramiento que pueda provocar en los usuarios. Otros requisitos que deben cumplir las luminarias es que sean de fácil instalación y mantenimiento. Para ello, los materiales empleados en su construcción han de ser los adecuados para resistir el ambiente en que deba trabajar la luminaria y mantener la temperatura de la lámpara dentro de los límites de funcionamiento. Todo esto sin perder de vista aspectos no menos importantes como la economía o la estética.

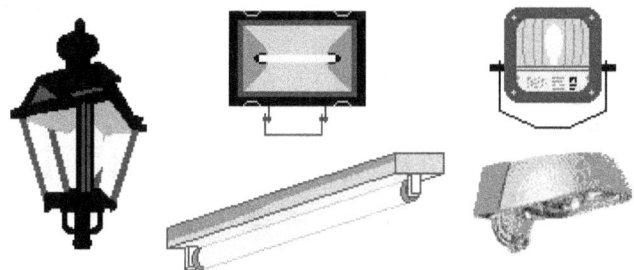

Ejemplos de luminarias

*Clasificación.* Las luminarias pueden clasificarse de muchas maneras aunque lo más común es utilizar criterios ópticos, mecánicos o eléctricos.

*Clasificación según las características ópticas de la lámpara.* Una primera manera de clasificar las luminarias es según el porcentaje del flujo luminoso emitido por encima y por debajo del plano horizontal que atraviesa la lámpara. Es decir, dependiendo de la cantidad de luz que ilumine hacia el techo o al suelo. Según esta clasificación se distinguen seis clases.

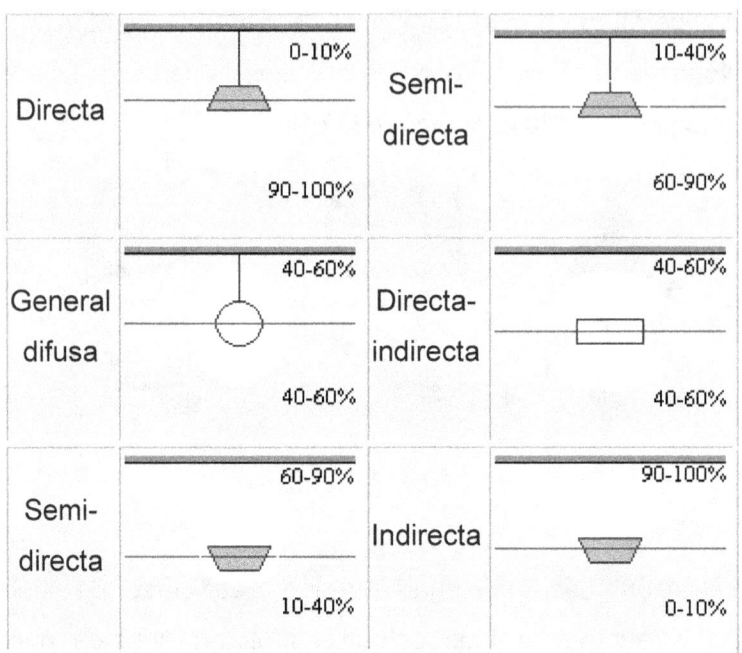

Clasificación CIE según la distribución de la luz

Otra clasificación posible es atendiendo al número de planos de simetría que tenga el sólido fotométrico. Así, podemos tener luminarias con simetría de revolución que tienen infinitos planos de simetría y por tanto nos basta con uno de ellos para conocer lo que pasa en el resto de planos (por ejemplo un proyector o una lámpara tipo globo), con dos planos de simetría (transversal y longitudinal) como los fluorescentes y con un plano de simetría (el longitudinal) como ocurre en las luminarias de alumbrado viario. Para las luminarias destinadas al alumbrado público se utilizan otras clasificaciones.

220

*Clasificación según las características mecánicas de la lámpara*

Las luminarias se clasifican según el grado de protección contra el polvo, los líquidos y los golpes. En estas clasificaciones, según las normas nacionales (UNE 20324) e internacionales, las luminarias se designan por las letras IP seguidas de tres dígitos. El primer número va de 0 (sin protección) a 6 (máxima protección) e indica la protección contra la entrada de polvo y cuerpos sólidos en la luminaria. El segundo va de 0 a 8 e indica el grado de protección contra la penetración de líquidos. Por último, el tercero da el grado de resistencia a los choques.

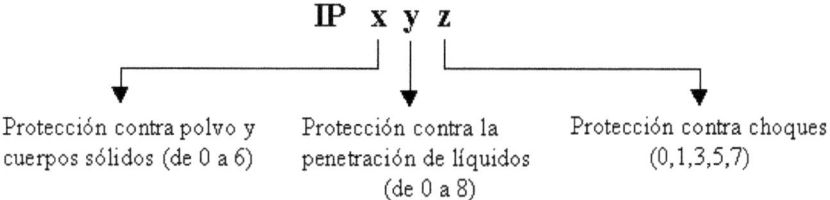

IP x y z

Protección contra polvo y cuerpos sólidos (de 0 a 6)

Protección contra la penetración de líquidos (de 0 a 8)

Protección contra choques (0,1,3,5,7)

*Clasificación según las características eléctricas de la lámpara*

Según el grado de protección eléctrica que ofrezcan las luminarias se dividen en cuatro clases (0, I, II, III).

| Clase | Protección eléctrica |
|-------|----------------------|
| 0 | Aislamiento normal sin toma de tierra |

| | |
|---|---|
| I | Aislamiento normal y toma de tierra |
| II | Doble aislamiento sin toma de tierra. |
| III | Luminarias para conectar a circuitos de muy baja tensión, sin otros circuitos internos o externos que operen a otras tensiones distintas a la mencionada. |

*Otras clasificaciones*

Otras clasificaciones posibles son según la aplicación a la que esté destinada la luminaria (alumbrado viario, alumbrado peatonal, proyección, industrial, comercial, oficinas, doméstico...) o según el tipo de lámparas empleado (para lámparas incandescentes o fluorescentes).

Esquemas de conexiones de lámparas

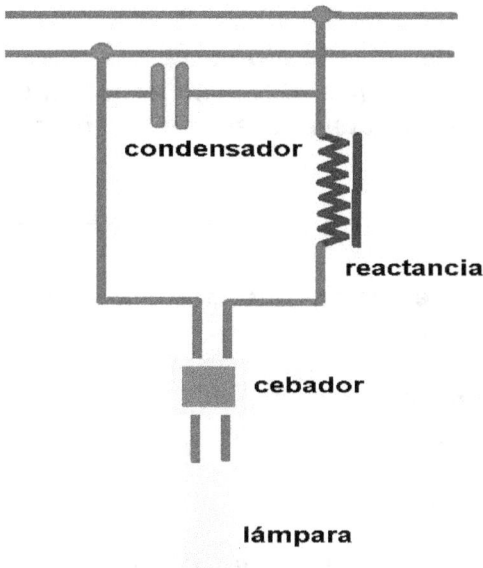

Lámpara de sodio de alta presión

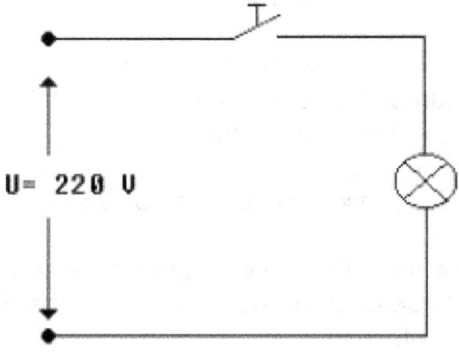

Circuito lámpara Incandescente

# AUTOEVALUACIÓN

**Instalaciones de alumbrado exterior: Guía técnica de aplicación instalaciones de alumbrado exterior (guía-bt-09). Esquemas de conexiones de lámparas utilizadas en alumbrado exterior.**

---

**1. Señalar la definición que corresponde al ámbito de alumbrado exterior:**
- a) Vivienda.
- b) Apartamentos.
- c) Sótanos.
- d) Calles.
- e) Ninguna es correcta.

**2. La iluminancia indica la cantidad de:**
- a) Sombra
- b) Calor
- c) Temperatura
- d) Luz
- e) Frío.

**3. La luminancia, por contra, es una medida de la luz que llega:**
- a) A las calles procedente de los objetos
- b) A las paredes procedente de los objetos
- c) A la gente procedente de los objetos
- d) A las manos procedente de los objetos
- e) A los ojos procedente de los objetos

**4. Como criterio de calidad y evaluación de la uniformidad de la iluminación, que coeficiente debemos considerar:**
- a) Coeficiente lumínico
- b) Coeficiente de uniformidad
- c) Coeficiente de lámpara
- d) Coeficiente de luminancia
- e) Coeficiente de iluminancia

**5. Cuáles son los aparatos encargados de generar la luz:**
   a) Las luminarias
   b) Los balastos
   c) Las lámparas
   d) Los cebadores
   e) Ninguna es correcta

**6. Cuáles son los aparatos destinados a alojar, soportar y proteger la lámpara y sus elementos auxiliares además de concentrar y dirigir el flujo luminoso de esta.**
   a) Las luminarias
   b) Las lámparas
   c) Las bombillas
   d) Los cebadores
   e) Los balastos

**7. En la actualidad, las luminarias se clasifican según tres parámetros:**
   a) Alcance, dispersión y control
   b) Alcance, difusión y descontrol
   c) Distancia, velocidad y tiempo
   d) Color, calor y dispersión
   e) Alcance, dispersión y color

**8. En la Instrucción Técnica Complementaria para Baja Tensión: ITC-BT-09 Instalaciones de alumbrado exterior, La acometida podrá ser:**
   a) De cualquier manera
   b) Acuática o interna
   c) Subterránea o aérea
   d) De arriba hacia abajo
   e) Todas son correctas

**9. En la Instrucción Técnica Complementaria para Baja Tensión: ITC-BT-09 Instalaciones de alumbrado exterior, el factor de potencia de cada punto de luz, deberá corregirse hasta un valor mayor o igual a:**
   a) 0,10
   b) 0,80
   c) 0,90

d) 100

e) Ninguna es correcta

**10. En la Instrucción Técnica Complementaria para Baja Tensión: ITC-BT-09 Instalaciones de alumbrado exterior, para las redes subterráneas: A cuánto irán los tubos enterrados:**

a) A 0,1 m

b) A 0,2 m

c) A 0,3 m

d) A 0,4 m

e) A 0,5 m

**11. En la Instrucción Técnica Complementaria para Baja Tensión: ITC-BT-09 Instalaciones de alumbrado exterior, para las redes subterráneas: La sección mínima a emplear en los conductores dé los cables, incluido el neutro, será de:**

a) 15 mm2

b) 10 mm2

c) 5 mm2

d) 6 mm2

e) 2,5 mm2

**12. En la Instrucción Técnica Complementaria para Baja Tensión: ITC-BT-09 Instalaciones de alumbrado exterior, para las redes aéreas: La sección mínima a emplear, para todos los conductores incluido el neutro, será de:**

a) 15 mm2

b) 10 mm2

c) 6 mm2

d) 1,5 mm2

e) 4 mm2

**13. En la Instrucción Técnica Complementaria para Baja Tensión: ITC-BT-09 Instalaciones de alumbrado exterior: ¿Qué define el siguiente enunciado? Serán de materiales resistentes a las acciones de la intemperie o estarán debidamente protegidas contra éstas, no debiendo permitir la entrada de agua de lluvia ni la acumulación del agua de condensación:**

a) Estructura de las lámparas

b) Estructura de las calles
c) Soportes de luminarias
d) Soporte de conexionado
e) Todas son correctas.

**14. En la Instrucción Técnica Complementaria para Baja Tensión: ITC-BT-09 Instalaciones de alumbrado exterior, para soportes de luminarias: Los conductores serán de cobre, de sección mínima de:**
a) 2,5 mm2
b) 1,5 mm2
c) 3 mm2
d) 4 mm2
e) 6 mm2

**15. En la Instrucción Técnica Complementaria para Baja Tensión: ITC-BT-09 Instalaciones de alumbrado exterior. La suspensión de las luminarias se hará mediante cables de:**
a) Acero
b) Cobre
c) Plata
d) Bronce
e) Ninguna es correcta

**16. ¿De qué clase son las luminarias?**
a) Clase A o Clase B
b) Clase alta o Clase baja
c) Clase I o Clase II
d) No existen clases de luminarias
e) Ninguna es correcta

**17. En las redes de tierra de la puesta a tierra del soporte de las luminarias, se instalará como mínimo un electrodo de puesta a tierra cada:**
a) 3 soportes de luminarias
b) 6 soportes de luminarias
c) 8 soportes de luminarias
d) 4 soportes de luminarias
e) 5 soportes de luminarias

**18. En las redes de tierra de la puesta a tierra del soporte de las luminarias, el conductor de protección que une cada soporte con el electrodo o con la red de tierra será de:**
   a) 10 mm2
   b) 6 mm2
   c) 15 mm2
   d) 4mm2
   e) 16 mm2

**19. ¿Qué elemento contienen internamente las lámparas de descargas?**
   a) Agua
   b) Aire
   c) Gas
   d) Vapor de agua
   e) Hidrógeno

**20. Señalar los elementos auxiliares de las lámparas de descargas:**
   a) Transformadores y turbinas
   b) Motores y generadores
   c) Cebadores y Balastos
   d) Interruptor de marcha y parada
   e) Ninguna es correcta

**21. Señalar los tipos de gases utilizados en lámparas de descarga:**
   a) Mercurio
   b) Sodio
   c) Ozono
   d) Hidrógeno
   e) a y b son correctas

**22. Señalar Elementos que conforman el funcionamiento de una lámpara de descarga:**
   a) Electrodos
   b) Tubo de descarga
   c) Ampolla
   d) Casquillo
   e) Todas son correctas

**23. En los esquemas de conexión de las lámparas de descarga: ¿Cuál de las siguientes no lleva elementos auxiliares?**
   a)   Lámpara de sodio de alta presión
   b)   Lámpara de mercurio de baja presión
   c)   Lámpara de vapor de mercurio
   d)   Lámpara fluorescente
   e)   Lámpara incandescente

# SOLUCIONARIO

1. d) Calles
2. d) Luz
3. e) A los ojos procedente de los objetos
4. b) Coeficiente de uniformidad
5. c) Las lámparas
6. a) Las luminarias
7. a) Alcance, dispersión y control
8. c) Subterránea o aérea
9. c) 0,90
10. d) A 0,4 m
11. d) 6 mm2
12. e) 4 mm2
13. c) Soportes de luminarias
14. a) 2,5 mm2
15. a) Acero
16. c) Clase I  o Clase II
17. e) 5 soportes de luminarias
18. e) 16 mm2
19. c) Gas
20. c) Cebadores y Balastos
21. e) a y b son correctas
22. e) Todas son correctas
23. e) Lámpara incandescente

---

Instalaciones de pararrayos: Conceptos generales. Normativa de aplicación. Tipos de pararrayos. La NTE-IPP Pararrayos. Diseño de la instalación de pararrayos. Disposiciones constructivas

# Instalaciones de pararrayos

## Conceptos generales

Un **pararrayos** es un instrumento cuyo objetivo es atraer un rayo y canalizar la descarga eléctrica hacia tierra, de modo tal que no cause daños a construcciones o personas. Este artilugio fue inventado en 1753 por Benjamín Franklin mientras efectuaba una serie de experimentos sobre la propiedad que tienen las puntas agudas, puestas en contacto con la tierra, de descargar los cuerpos electrizados situados en su proximidad. Están compuestos por una barra de hierro coronada por una punta de cobre o de platino colocada en la parte más alta del edificio al que protegen. La barra está unida, mediante un cable conductor, a tierra (la toma de tierra es la prolongación del conductor que se ramifica en el suelo, o placas conductoras también enterradas, o bien un tubo sumergido en el agua de un pozo). En principio, el radio de la zona de protección de un pararrayos es igual a su altura desde el suelo, y evita los daños que puede provocar la caída de un rayo sobre otros elementos, como edificios, árboles o personas. El principio del funcionamiento de los pararrayos consiste en que la descarga electrostática se produce con mayor facilidad, siguiendo un camino de menor resistividad eléctrica, por lo cual un metal se convierte en un camino favorable al paso de la corriente eléctrica. Los rayos caen también principalmente en los objetos más elevados ya que su formación se favorece cuanto menor sea la distancia entre la nube y la tierra. El pararrayos obtuvo tal éxito que hasta la moda se apoderó de él: las mujeres elegantes de la época se paseaban bajo sombrillas de larga punta equipadas con una cadena metálica que se arrastraba por el suelo. Como elemento protector de los circuitos eléctricos, se utilizan en la actualidad dos tipos de pararrayos, los de Resistencia Variable y los de Óxido de Zinc. Los primeros asocian una serie de explosiones y unas resistencias no lineales (varistancias) capaces de limitar la corriente después del paso de la onda de choque. Se caracterizan por su tensión de extinción a frecuencia industrial más alta bajo la cual el pararrayos puede descebarse espontáneamente. Los segundos están constituidos solo por varistancias y reemplazan a los anteriores cada vez más, ya que su característica principal es la no linealidad de las varistancias de ZnO, que facilitan que la resistencia pase de unos 1.5 Mohms a 15 Ohms entre la tensión de servicio y la tensión nominal de descarga. El rayo toca el suelo en el punto que está más próximo de la nube, esto es, puntos altos, torres, antenas de TV. También alcanza con preferencia conductores de electricidad tales como metales, agua y objetos mojados. Uno de los puntos preferidos del rayo son los cables externos de la red eléctrica. Para evitar accidentes se colocan pedazos de metal en lugares elevados y directamente conectados al suelo. La idea es que con esto el rayo toque este pararrayo en lugar de los objetos y personas a su alrededor. Los pararrayos también ayudan a descargar la nube sin ocurrir chispas. Hay orientación técnica especializada para la instalación de pararrayos.

1.) Rayo: Descarga eléctrica (chispa) de alta intensidad entre las nubes y la tierra. Produce luz intensa y ruido (trueno). La corriente eléctrica y el calor que producen los rayos son mortales.

2) Pararrayos: Efecto punta: Las cargas alrededor de un conductor no se distribuyen uniformemente, sino que se acumulan más en las partes afiladas. De esta manera, si se tiene un objeto en forma de punta sometido a un intenso campo electrostático (como el generado por una nube de tormenta), la acumulación de cargas en la punta es también muy elevada. Esta propiedad fue aprovechada por Benjamín Franklin para diseñar su pararrayos a mediados del siglo XVIII.

*Principio del pararrayos.* El pararrayos no es más que un dispositivo que, colocado en lo alto de un edificio, dirigen al rayo a través de un cable hasta la tierra para que no cause desperfectos. Ya hemos comentado que normalmente las nubes de tormenta tienen su base cargada negativamente, mientras que la región de tierra que se encuentra debajo de ellas, por efecto de inducción electroestática, presenta carga positiva. Las cargas negativas de la nube se repelen entre sí y son atraídas por las cargas positivas de la tierra. Puesto que el pararrayos está conectado a tierra, sus electrones son repelidos por los de la nube con lo que queda cargado positivamente al igual que la tierra bajo la nube.

Fig. Distribución de cargas en el entorno de una nube de tormenta.

Debido a la forma y características del pararrayos (efecto punta), la densidad de carga en la punta del pararrayos es tal que ioniza el aire que lo rodea, de modo que las partículas de aire cargadas positivamente son repelidas por el pararrayos y atraídas por la nube, realizando así un doble objetivo:

a. por un parte, se produce una **compensación del potencial eléctrico** al ser atraídos esos iones del aire por parte de la nube, neutralizando en parte la carga. De esta forma se reduce el potencial nube-tierra hasta valores inferiores a los 10000 V que marcan el límite entre el comportamiento dieléctrico y el conductor del aire, y por tanto **previenen la formación del rayo**.

b. por otra, **conducen al rayo a tierra** ofreciéndole un camino de menor resistencia. Este camino lo formarán el pararrayos, el conductor de descarga y la toma de tierra.

Un fenómeno que debemos tener en cuenta es el de "**disipación natural**", que es producida por los árboles, vallas, rocas y demás objetos de forma puntiaguda, ya sean natural o artificiales, sometidos al campo eléctrico de la nube de tormenta, que irán produciendo esa compensación de potencial de forma natural, produciendo la neutralización de la carga de la nube, o al menor, reduciéndola significativamente, con lo que se disminuye el riesgo al llegar la nube sobre zonas habitadas o peligrosas.

### Normativa de aplicación

### A. Condiciones Generales para su Instalación

El pararrayos consta de tres partes fundamentales que son: a) Elementos de captación: punta, lanza o pararrayos propiamente dicho.

Se estima que una barra conectada a tierra protege una zona incluida dentro de un cono de protección, cuyo vértice está en la punta de la barra y que tiene como base una circunferencia que rodea la misma.

b) Cables de bajada: conexiones entre el elemento de captación y tierra.

El cable de bajada se instala a la intemperie, sustentado por aisladores de porcelana. Se unen a un borne de conexión que tiene el colector de rayos, mediante soldadura. Se emplea cable de cobre desnudo, que debe quedar tenso y recto siguiendo el camino más corto, no admitiéndose ángulos agudos. El cable pasa por un orificio tubular de cada aislador, separado como máximo 1,50 m, de diámetro de 50 a 70 mm2 de sección.

c) Toma de tierra: La ejecución de la toma de tierra para pararrayos sigue los lineamientos establecidos para la instalación de electrodos dispersos explicados en puesta a tierra.

## Pararrayos

El principio del pararrayos es interceptar el rayo antes de que éste alcance la estructura que se desea proteger, descargando la corriente a tierra a través de un cable grueso. No es aconsejable la instalación de pararrayos de construcción casera ya que el uso, por ejemplo, de un cable de alta resistencia eléctrica sería muy peligroso. Los bomberos de su zona o integrantes de Defensa Civil pueden asesorarlo.

*Evaluar el riesgo y elegir la protección*

Para determinar el nivel de protección de una instalación eléctrica contra los riesgos de sobretensión, hay que tener en cuenta, por una parte, los criterios del lugar y de la tipología del edificio; por otra, las características de los receptores que se encuentren dentro de la instalación que se quiera proteger. En este capítulo se encuentran los últimos productos recomendados en las normas y la guía, actualizados, para instalar pararrayos.

*Elegir la protección idónea*

*Son varios los parámetros para elegir una instalación de pararrayos:*

-La corriente nominal de descarga: es la capacidad de la protección para absorber fenómenos transitorios repetidos, especialmente el rayo. Los valores más frecuentes: 2,5 kA, 5 kA, 10 kA, 20 kA;

-El nivel de protección: es la tensión residual de los equipos cuando están protegidos, valores habituales: 0,8 kV, 1 kV, 1,5 kV, 2 kV, 2,5 kV;

-La corriente máxima de descarga: es el valor de la intensidad máxima que puede soportar en una sola vez la protección sin que se destruya; suele existir un factor de 2 a 3 respecto a la corriente nominal de descarga.

a) -Evaluar el revestimiento de tuberías para definir requerimientos de rehabilitación.

b) -Definir debilitamientos en el sistema de Protección Catódica.

c) -Validar que una conducción se ha construido con mínimos defectos de revestimiento, con la finalidad de certificación de licencias de operatividad.

d) -Investigar efectos de interferencias con otras fuentes de corriente continua como sean trenes, tranvías u otros sistemas de Protección Catódica.

e) -Establecer la efectividad de juntas dieléctricas y otros métodos de aislamiento de tuberías.

f) -Investigar redes complejas de tuberías, lo que no es posible con otras técnicas.

g) -Investigar por debajo de hormigón o asfalto en zonas urbanas.

h) -Investigar por debajo de líneas aéreas de Alta Tensión.

i) -Técnica no afectada por corrientes telúricas, por lo que es posible investigar conducciones afectadas.

j) -Evaluar la integridad de Tomas de Potencial.

La resistividad del terreno es uno de los parámetros que deben ser conocidos para poder determinar las condiciones de corrosividad del subsuelo, y también para poder calcular las características del diseño de los equipos de Protección Catódica. Para obtener una configuración de los valores de resistividad eléctrica del subsuelo se utiliza típicamente la técnica de la inyección de una corriente eléctrica en el subsuelo a través de un par de electrodos metálicos, normalmente de Cu. Un segundo par de electrodos se utilizan para medir el potencial eléctrico resultante. La configuración de los electrodos puede tomar diversas formas. No obstante, la forma más común es la conocida como configuración de Wenner, que consta de una separación igual de los cuatro electrodos a lo largo de una línea. La distancia entre dos electrodos adyacentes se denomina espaciado "a", que se considera normalmente equivalente a la profundidad de penetración del servicio. La determinación de resistividades debe realizarse teniendo en cuenta no sólo una distribución aleatoria sino también los factores de cambios litológicos del terreno, lo que requiere de personal altamente cualificado para poder valorar los lugares idóneos donde éstas deben realizarse. Los estudios de resistividades son además de gran utilidad para determinar contaminaciones por fugas de producto en tuberías enterradas (transportes de salmuera, ácidos, etc.). La determinación del quimismo (pH) del terreno es de fundamental importancia para poder implementar sistemas de Protección catódica de lucha contra la corrosión, eficaces, y también para conocer las características de las reacciones de corrosión en una determinada situación. Tradicionalmente los estudios de acidez o basicidad de los suelos se han realizado mediante indicadores de pH sin tener en cuenta que éstos determinan el quimismo en función del nivel de saturación, y de la propia composición química, de las aguas presentes en el momento de la medición. La presencia de campos eléctricos circulantes por el subsuelo representan una agravante en los factores de corrosividad para estructuras metálicas enterradas, dispongan, o no, de sistemas activos o pasivos de Protección Catódica. Típicamente estos campos eléctricos proceden de líneas electrificadas de ferrocarril, metros, otros sistemas de Protección Catódica, puestas a tierra de grandes factorías, hospitales, etc. La determinación de campos eléctricos se realiza comparando el voltaje entre dos electrodos permanentes portátiles de Cu/CuSO4, convenientemente calibrados respecto a un electrodo de estándar de calomelanos, tal como indica la norma NACE (National Association of Corrosion Engineers de los USA). Otra reglamentación es la normativa Hinx.

En casi cualquier aspecto que se refiera a construcción hay alguna norma de obligado cumplimiento que le afecte. En este caso hasta ahora lo recogía el Reglamento Electrotécnico de Baja Tensión (RBT). Y en el nuevo código técnico supongo que también se hace referencia. En la RBT está regulada la posición del pararrayos, lo que protege, las picas que hay que hincar en la tierra y hasta un mapa de áreas de tormenta en España con distintas exigencias según zonas. (Hay más riesgo en zonas de montaña y sierras).

Otra Normativa es la NTE – IPP, que veremos más adelante. Los pararrayos protegen los edificios y circunstancialmente la zona próxima a ellos.

**Tipos de pararrayos**

Sea cual sea la forma o tecnología utilizada, todos los rayos tienen la misma finalidad: ofrecer al rayo un camino hacia tierra de menor resistencia que si atravesara la estructura del edificio.

*Existen dos tipos fundamentales de pararrayos*

**A. Pararrayos de puntas**

Formada por una varilla de 3 a 5 m de largo, de acero galvanizado de 50 mm de diámetro con la punta recubierta de wolframio (para soportar el calor producido en el impacto con el rayo). Si además se desea prevenir la formación del rayo, pueden llevar distintas dispositivos de ionización del aire.

*De tipo Franklin:*

Se basan en el *"efecto punta"*. Es el típico pararrayos formado por una varilla metálica acabada en una o varias puntas. La zona protegida por un pararrayos clásico de Franklin tiene forma cónica.

Pararrayos de franklin

En este tipo de pararrayos, el efecto de compensación de potencial es muy reducido, por lo que en zonas con alto riesgo suelen usarse otro tipo de pararrayos.

*De tipo radiactivo:*

Consiste en una barra metálica en cuyo extremo se tiene una caja que contiene una pequeña cantidad de isótopo radiactivo, cuya finalidad es la de ionizar el aire a su alrededor mediante la liberación de partículas alfa.

Este aire ionizado favorece generación del canal del rayo hasta tierra, obteniendo un área protegida de forma esférico-cilíndrica.

**El Real Decreto 1428/86 del Ministerio de Industria y Energía prohíbe expresamente el uso de este tipo de pararrayos.**

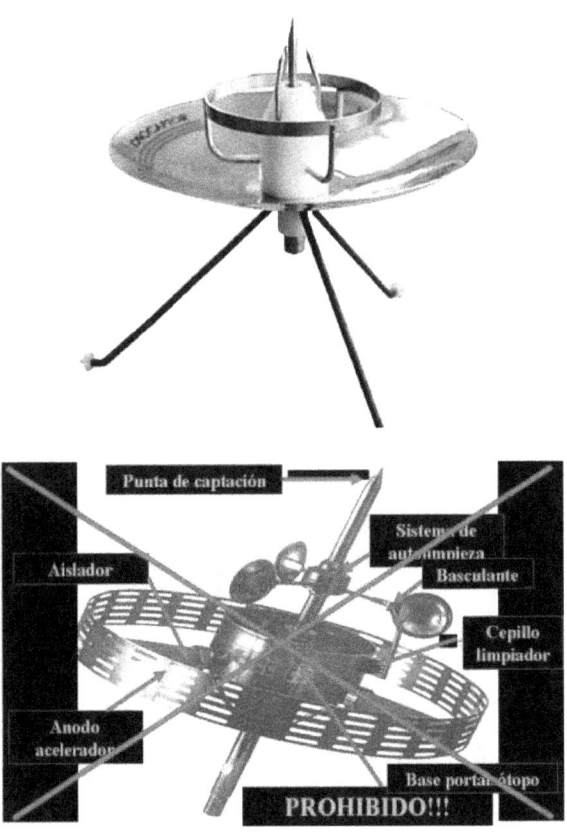

Pararrayos radiactivos

*Tipo ion-corona solar:*

Este tipo de pararrayos incorpora un dispositivo eléctrico de generación de iones de forma permanente, constituyendo la mejor alternativa a los pararrayos atómicos. La energía necesaria para su funcionamiento suele proceder de fotocélulas.

*De tipo piezoeléctrico:*

Se basa en la capacidad de los materiales piezoeléctricos, de producir carga eléctrica a partir de los cambios en su estructura

244

debido a presiones externas (tales como las producidas por el viento durante un vendaval). Para mejorar el comportamiento de los pararrayos de punta, puede usarse la técnica denominada "**matriz de dispersión**", que consiste en un conjunto de puntas simples o ionizadoras cuya misión es la de ofrecer multitud de puntos de descarga entre tierra y nube, así modo la repartir esa descarga de neutralización en una región mayor de modo que se reduce la aparición de puntos con distintos potenciales que favorezcan la aparición del rayo.

**B. Pararrayos reticulares o de jaula de Faraday**: consisten en recubrir la estructura del edificio mediante una malla metálica conectada a tierra.

*Zona protegida mediante pararrayo reticular*

Hay que hacer notar que los edificios modernos con estructura metálica, cumplen una función similar a las jaulas de Faraday, por lo que la probabilidad de que un rayo entre en uno de estos edificios es extremadamente pequeña.

*Donde es necesario colocar un pararrayos:*

Según las Normas Tecnológicas de la Edificación es necesario la instalación de pararrayos en los siguientes casos:

- Edificios de más de 43 metros.

- Lugares en los que se manipulen sustancias tóxicas, radiactivas, explosivas o inflamables.

- Lugares con un índice de riesgo superior a 27. Este índice se calcula dependiendo de la zona geográfica, materiales de construcción y condiciones del terreno.

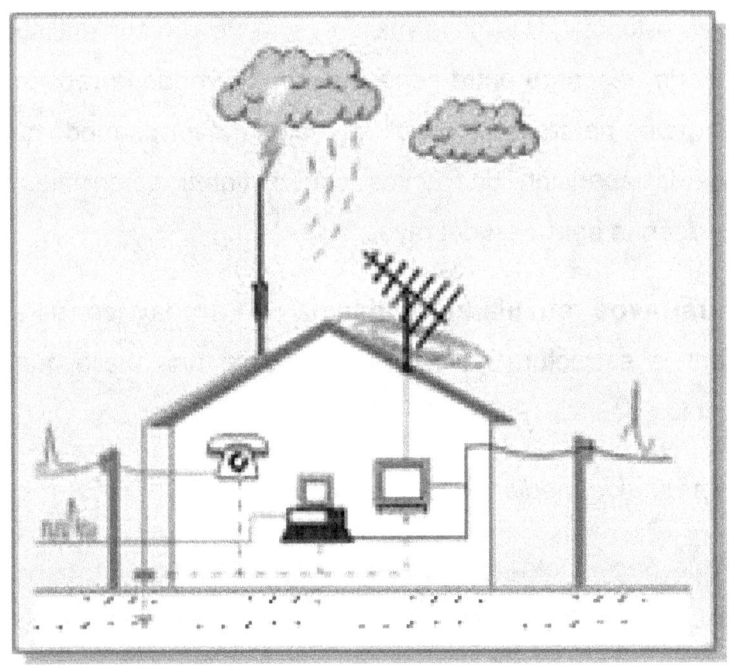

Pararrayos reticular o jaula de Faraday instalado

# Detalle de un Pararrayos

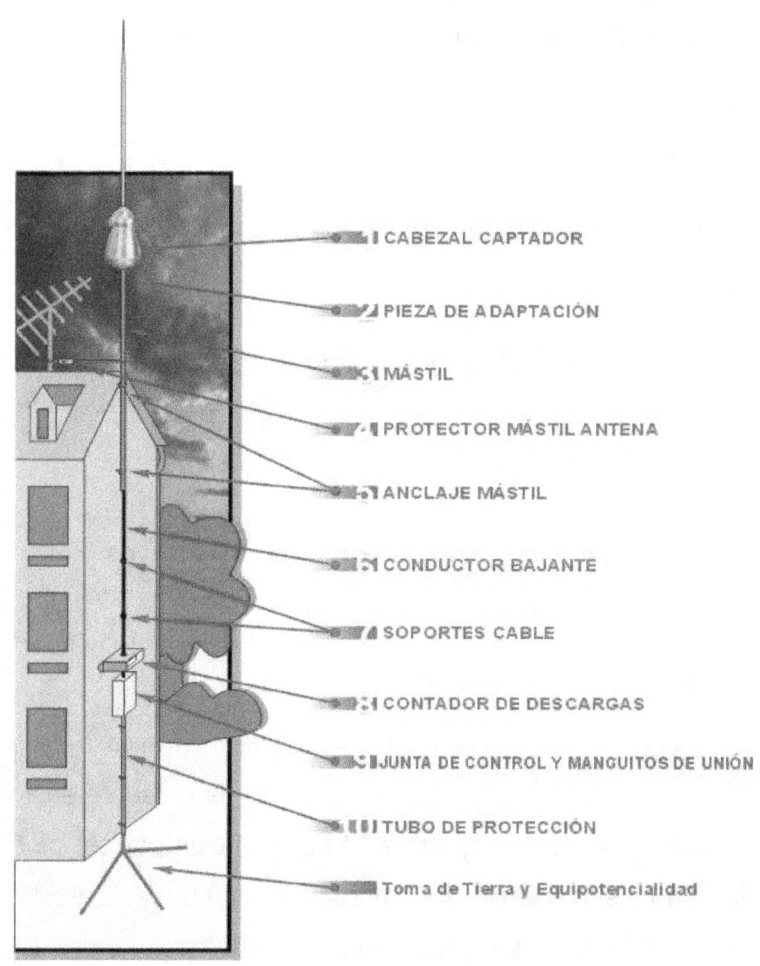

CABEZAL CAPTADOR

PIEZA DE ADAPTACIÓN

MÁSTIL

PROTECTOR MÁSTIL ANTENA

ANCLAJE MÁSTIL

CONDUCTOR BAJANTE

SOPORTES CABLE

CONTADOR DE DESCARGAS

JUNTA DE CONTROL Y MANGUITOS DE UNIÓN

TUBO DE PROTECCIÓN

Toma de Tierra y Equipotencialidad

# La Norma NTE-IPP Pararrayos

La Norma reguladora es:

**ORDEN de 1 de marzo de 1973. Norma Tecnológica NTE-IPP, "INSTALACIONES DE PROTECCION. PARARRAYOS"**

Fecha 1/03/1973

Ámbito: España

Fuente: BOE 10/03/1973, núm. 50, pág. 4809

Link Texto completo:

http://www.boe.es/buscar/doc.php?id=BOE-A-1973-352

---

## Diseño de la instalación de pararrayos

### Disposiciones constructivas

Todo equipo conectado a la red eléctrica, telefónica o de datos está expuesto a los efectos de las sobretensiones. Las sobretensiones transitorias se caracterizan por ser picos de tensión muy elevados de corta duración y con un crecimiento muy rápido, por lo que los equipos de protección habituales (fusibles, magnetotérmicos y diferenciales) no están preparados para detectarlos y reaccionar frente a ellos.

## Causas principales

-Descargas atmosféricas directas y lejanas.

-Parásitos o interferencias.

-Maniobras de conmutación de las compañías de distribución de electricidad y de los usuarios de las redes eléctricas. INGESCO® es una empresa especializada en la protección contra las sobretensiones producidas por la primera de estas causas: los impactos de rayos.

## Daños producidos por las sobretensiones

-Daños materiales: destrucción de los equipos de telefonía, alarma, detección de incendios, componentes electrónicos, electrodomésticos, emisores de televisión y otros equipos sensibles.
-Envejecimiento prematuro de los equipos.

-Inoperatividad temporal de los sistemas informáticos y de comunicación.
-Perforación de instalaciones eléctricas.

-Pérdidas económicas importantes.

Todo un conjunto de normativas (UNE 21.185, UNE 21.186, CEI 1024 y RBT) contemplan la instalación de protectores contra sobretensiones para disponer de un sistema de protección integral eficaz. Así mismo, la **Ley de Prevención de Riesgos Laborales** RD 1215/1997 especifica: "Los equipos de trabajo que puedan ser alcanzados por los rayos durante su utilización deberán estar protegidos contra sus efectos por dispositivos o medida adecuadas". Dispositivos utilizados para cubrir el armazón de un edificio para proteger tanto su estructura y contenido (bienes y personas) como los elementos situados en su entorno inmediato. Según la tipología de dispositivos, la protección puede ser:

## Protección activa

Es la que ofrecen captadores (pararrayos) que emiten un flujo de iones dirigido a las nubes (trazador). La carga eléctrica positiva de estos iones atrae los rayos (carga negativa), lo que aumenta la probabilidad de que la descarga se produzca sobre el captador.

## Protección pasiva

Es la que ofrecen sistemas (tipo 'jaula de Faraday', por ejemplo) que no provocan ningún efecto para la captación del rayo (acción preventiva). Estos sistemas pueden aprovechar elementos de la estructura a proteger para la descarga de la corriente hasta tierra. Los sistemas de protección activa y pasiva pueden combinarse, y hay que elegirlos atendiendo a las características de la construcción que hay que proteger.

**Un sistema de protección externo contra el rayo está formado por:**

-Uno o varios captadores

-Uno o varios derivadores o cables de bajada

-Una o varias puestas a tierra

*Elementos para su instalación:*

Pieza de adaptación cabezal-mástil

Mástil

Soportes adaptables para puntas de captación

Juego para anclaje de mástil

Soporte placa base

Vía de chispas

Contador de rayos CDR-1

Targeta PCS

Cable trenzado de cobre

Manguito de conexión

Abrazaderas M-8 / M-6 / tirafondo / con pata

Soporte de conductor para tejado

Soporte de fijación en cubiertas

Tubo de protección

Puesta a tierra INGESCO

Puesta a tierra: arqueta de registro

Puesta a tierra: puente de comprobación

Puesta a tierra: puente de comprobación en caja

Puesta a tierra: placa

Puesta a tierra: electrodo - pica

Puesta a tierra: Quibacsol

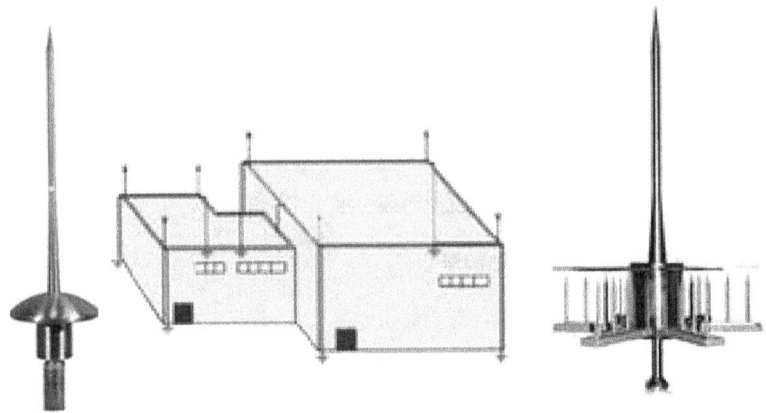

**Pararrayos varios**

**Prevenir es la mejor protección.** Eso lo saben los responsables de seguridad de empresas e instituciones, y lo valoran especialmente quienes tienen que gestionar los riesgos que amenazan a las personas.

*Saber dónde estallará la tormenta antes de que eso suceda*

**Precauciones**

- En las instalaciones de protección contra el rayo deberán procesarse con la máxima urgencia las reparaciones precisas, ya que un funcionamiento deficiente representa un riesgo muy superior al que supondría su existencia.

**Prescripciones**

- Siempre que haya caído algún rayo en nuestro sistema se debe avisar a un instalador autorizado.

252

## Prohibiciones

- En situaciones de tormenta no debe estar próximo al conductor que une el pararrayos con la red de tierra.

## Mantenimiento por el usuario

- El usuario en estos casos se debe limitar, dentro de sus escasas posibilidades, a la detección visual de aquellos aspectos que evidencian anomalías como corrosiones, desprendimientos, cortes, etc., de los elementos visibles del conjunto. La consecuencia de estos hechos, al igual que el haber caído algún rayo en el sistema, supone la llamada a un instalador autorizado.

## Por el profesional cualificado

- Siempre que se revisen las instalaciones, se repararán los defectos encontrados y, en caso de que sea necesario, se repondrán las piezas que lo precisen. Todas estas operaciones serán realizadas por personal especializado.

-Deberán realizarse, como mínimo, las siguientes tareas de mantenimiento:

-Cada año, en los meses de verano, comprobará que la resistencia a tierra no supera los 10 Ohm. De lo contrario, se modificará o ampliará la toma de tierra.

-Cada 4 años y después de cada descarga eléctrica, se realizará una inspección general del sistema, con especial atención a:

-Su conservación frente a la corrosión.

-Firmeza de las sujeciones.

-Comprobación de la continuidad eléctrica de la red conductora y su conexión a tierra.

# AUTOEVALUACIÓN

Instalaciones de pararrayos: Conceptos generales. Normativa de aplicación. Tipos de pararrayos. La NTE-IPP Pararrayos. Diseño de la instalación de pararrayos. Disposiciones constructivas.

---

**1. Un pararrayos es un instrumento cuyo objetivo es atraer:**
   a) Un trueno.
   b) Una nube.
   c) La lluvia.
   d) Un rayo.
   e) Ninguna es correcta.

**2. ¿En qué parte del edificio, al que protegen, se colocan?**
   a) La más baja.
   b) Interior.
   c) Subterránea.
   d) La más alta.
   e) La más alejada.

**3. Descarga eléctrica (chispa) de alta intensidad entre las nubes y la tierra, ¿qué define?**
   a) El trueno.
   b) La lluvia.
   c) El cortocircuito.
   d) Los rayos solares.
   e) El rayo.

**4. ¿Qué definición corresponde al Efecto punta?**
   a) Las cargas alrededor de un conductor no se distribuyen uniformemente, sino que se acumulan más en las partes afiladas.
   b) Las cargas alrededor de un conductor se distribuyen uniformemente, no se acumulan en las partes afiladas.
   c) Las energías alrededor de un conductor no se distribuyen uniformemente, sino que se acumulan más en las partes afiladas.

d) Las cargas alrededor de un conductor se distribuyen uniformemente, sino que se acumulan menos en las partes afiladas.

**5. Señalar el correcto, de los dobles objetivos del efecto del pararrayos:**
a) Compensación de la descarga.
b) Compensación de la caída del rayo.
c) Compensación del potencial eléctrico.
d) Compensación del efecto punta.
e) Todas son correctas.

**6. ¿Qué fenómeno se produce por los árboles, vallas, rocas y demás objetos de forma puntiaguda, ya sean naturales o artificiales?**
a) Disipación artificial.
b) Disipación casual.
c) Disipación formal.
d) Disipación natural.
e) Disipación sustancial.

**7. El pararrayos consta ¿de cuántas partes fundamentales?**
a) De tres partes.
b) De dos partes.
c) De cinco partes.
d) De ocho partes.
e) Ninguna es correcta.

**8. ¿Cuál de los siguientes es una parte fundamental del pararrayos?**
a) Elementos de absorción.
b) Elementos de captación.
c) Elementos de dispersión.
d) Toma de tierra.
e) b y c son correctas.

**9. Señalar los dos tipos de pararrayos fundamentales:**
a) De punta y Hexagonales Faraday.
b) De punta y reticulares o de jaula de Faraday.
c) Circulares y cuadrados o de jaula Faraday.

d) De punta y poligonales Faraday.

e) Ninguno es correcta.

**10. ¿A qué tipo de pararrayos se refiere la definición? Se basan en el "efecto punta". Es el típico pararrayos formado por una varilla metálica acabada en una o varias puntas.**

a) De tipo Newton.

b) De tipo Arquímedes.

c) De tipo Franklin.

d) De tipo Einstein.

e) De tipo Galileo.

**11. El Real Decreto 1428/86 del Ministerio de Industria y Energía prohíbe expresamente el uso de este tipo de pararrayos. ¿A qué tipo de pararrayos corresponde dicha prohibición?**

a) De tipo Nuclear.

b) De tipo molecular.

c) De tipo explosivo.

d) De tipo atómico.

e) De tipo radiactivo.

**12. Cuál definición corresponde a: Pararrayos reticulares o de jaula de Faraday.**

a) Consisten en descubrir la estructura del edificio mediante una malla metálica conectada a tierra.

b) Consisten en recubrir la fachada del edificio mediante una malla metálica conectada a tierra.

c) Consisten en recubrir la estructura del edificio mediante un conductor metálica conectada a tierra.

d) Consisten en recubrir la estructura del edificio mediante una malla metálica conectada a tierra.

e) Consisten en recubrir la estructura del edificio mediante una malla metálica conectada a fase.

**13. Según las Normas Tecnológicas de la Edificación es necesario la instalación de pararrayos en los siguientes casos:**

a) Edificios de 20 mts de altura.

b) Lugares en los que se manipulen sustancias tóxicas,

radiactivas, explosivas o inflamables.

c) Edificios de más de 43 mts de altura.

d) Viviendas comunes.

e) b y c son correctas.

**14. Según la norma INE – IPP, ¿qué es una Red de cubierta?**

a) Un elemento captador y conductor.

b) Un elemento disipador y resistivo.

c) Un elemento condensador y conductor.

d) Un elemento filtrador y condensador.

e) Un elemento disipador y capacitor.

**15. Según la Norma INE-IPP, para instalar pararrayos de puntas, dentro de las condiciones de seguridad en el trabajo, ¿qué elementos de seguridad deben usarse?**

a) Cinturón de seguridad.

b) Gafas protectoras.

c) Casco protector.

d) Calzado antideslizante.

e) a y d son correctas.

**16. ¿Cada cuántos años, según la Norma INE-IPP, se controlará el estado de conservación del pararrayos de puntas?**

a) Cada 2 años.

b) cada 1 año.

c) Cada 3 años.

d) Cada 4 años.

e) Cada 5 años.

**17. Para la puesta a tierra del pararrayos, según la Norma UNE 21.186, se debe escoger el sistema de puesta a tierra más adecuado según el tipo de:**

a) Pararrayos.

b) Malla.

c) Edificación.

d) Terreno.

e) Ninguna es correcta.

**18. ¿Cómo se denominan los conductores que conducen la corriente desde los dispositivos de captación hasta las toma de tierra?**

    a)  Conductores de acoplamiento.
    b)  Conductores de conexión.
    c)  Conductores de pararrayos.
    d)  Conductores de bajada.
    e)  Conductores de tierra.

**19. ¿Para la toma de tierra de placas, cuántos metros cúbicos determina la Norma UNE 21.186, que debe hacerse la perforación?**

    a)  2 metros cúbicos.
    b)  3 metros cúbicos.
    c)  4 metros cúbicos.
    d)  1 metro cúbico.
    e)  6 metros cúbicos.

**20. Señalar la definición correcta:**

    a)  En situaciones de tormenta debe estar próximo al conductor que une el pararrayos con la red de tierra.
    b)  En situaciones de día soleado no debe estar próximo al conductor que une el pararrayos con la red de tierra.
    c)  En situaciones de tormenta no debe estar alejado del conductor que une el pararrayos con la red de tierra.
    d)  En situaciones de tormenta no debe estar próximo al conductor que une el pararrayos con la red de tierra.
    e)  Ninguna es correcta.

# SOLUCIONARIO

1. d) Un rayo.
2. d) La más alta.
3. e) El rayo.
4. a)
5. c) Compensación del potencial eléctrico.
6. d) Disipación natural.
7. a) De tres partes.
8. e) b y c son correctas.
9. b) De punta y reticulares o de jaula de Faraday.
10. c) De tipo Franklin.
11. e) De tipo radiactivo.
12. a) Consisten en recubrir la estructura del edificio mediante una malla metálica conectada a tierra.
13. e) b y c son correctas.
14. a) Un elemento captador y conductor.
15. e) a y d son correctas.
16. d) Cada 4 años.
17. d) Terreno.
18. d) Conductores de bajada.
19. a)  2 metros cúbicos.
20. d)  En situaciones de tormenta no debe estar próximo al conductor que une el pararrayos con la red de tierra.

---

# Instalaciones eléctricas singulares en viviendas y automatismos

## Miguel D'Addario

**Primera edición**

**CE**

**2015**

www.ingramcontent.com/pod-product-compliance
Lightning Source LLC
Chambersburg PA
CBHW072302200526
45168CB00014B/139